从一到无穷大

［美］乔治·伽莫夫 著

小袋鼠工作室 编译

黑龙江科学技术出版社

图书在版编目（CIP）数据

从一到无穷大 /（美）乔治·伽莫夫
（George Gamow）著；小袋鼠工作室编译.－－哈尔滨：
黑龙江科学技术出版社，2019.6（2022.6 重印）
ISBN 978-7-5719-0182-0

Ⅰ.①从… Ⅱ.①乔… ②小… Ⅲ.①数学－青少年读物 Ⅳ.①O1-49

中国版本图书馆 CIP 数据核字(2019)第 097517 号

从一到无穷大
CONG YI DAO WUQIONGDA
[美] 乔治·伽莫夫 著 小袋鼠工作室 编译

责任编辑	项力福 回 博
封面设计	新华环宇教育科技有限公司
出 版	黑龙江科学技术出版社
	地址：哈尔滨市南岗区公安街 70-2 号 邮编：150007
	电话：（0451）53642106 传真：（0451）53642143
	网址：www.lkcbs.cn
发 行	全国新华书店
印 刷	三河市南阳印刷有限公司
开 本	787 mm × 1092 mm 1/16
印 张	14
字 数	220 千字
版 次	2019 年 6 月第 1 版
印 次	2022 年 6 月第 3 次印刷
书 号	ISBN 978-7-5719-0182-0
定 价	42.00 元

【版权所有，请勿翻印、转载】
本社常年法律顾问：黑龙江博润律师事务所 张春雨

目录 Contents

第一部分　做做数字游戏

第一章　大数 ··· 2
　　一、你能数到多少 ··· 2
　　二、怎样计数无穷大的数字 ································· 8

第二章　自然数和人工数 ······································· 16
　　一、最纯粹的数学 ··· 16
　　二、神秘的 $\sqrt{-1}$ ··· 22

第二部分　空间、时间与爱因斯坦

第三章　空间的不寻常的性质 ··································· 28
　　一、维数和坐标 ··· 28
　　二、不量尺寸的几何学 ····································· 29
　　三、把空间翻过来 ··· 36

第四章　四维世界 ··· 44
　　一、时间是第四维 ··· 44
　　二、时空当量 ··· 50
　　三、四维空间的距离 ······································· 53

第五章　时间和空间的相对性 ··································· 58
　　一、时间和空间的相互转变 ································· 58

二、以太风和天狼星之行 ························ 61
三、弯曲空间和引力之谜 ························ 69
四、闭空间和开空间 ····························· 73

第三部分 微观世界

第六章 往下的阶梯 ····························· 76
一、古希腊人的观念 ····························· 76
二、原子有多大 ································· 79
三、分子束 ····································· 80
四、原子摄影术 ································· 82
五、把原子劈开 ································· 84
六、微观力学和测不准原理 ························ 89

第七章 现代炼金术 ····························· 95
一、基本粒子 ··································· 95
二、原子的心脏 ································ 103
三、轰击原子 ·································· 106
四、核子学 ···································· 113

第八章 无序定律 ······························ 119
一、热的无序 ·································· 119
二、如何描述无序运动 ··························· 123
三、计算概率 ·································· 127
四、"神秘"的熵 ······························· 139
五、统计涨落 ·································· 142

第九章 生命之谜 ······························ 145
一、我们是由细胞组成的 ························· 145
二、遗传和基因 ································ 154
三、"活的分子"——基因 ························ 160

第四部分　宏观世界

第十章　不断扩展的视野 ··· 170
　　一、地球与它的近邻 ··· 170
　　二、银河系 ··· 175
　　三、走向未知的边界 ··· 182

第十一章　"创世"的年代 ··· 187
　　一、行星的诞生 ··· 187
　　二、恒星的"私生活" ··· 196
　　三、原始的混沌，膨胀的宇宙 ··· 204

图版 ··· 210

第一部分

做做数字游戏

第一章 大数

一、你能数到多少

两个人比赛，谁说出的数字大谁就获胜。第一个人想了好久才说出一个数字：3。另一个人听完，立刻开始思考比 3 大的数字，但他想了好久都没想出来，于是只好认输。

从这个故事可以看出，这两个人的智力不是很发达，当然这个故事的可信度也不是很高。但是，在原始社会里，这种事情是有可能发生的。探险家们曾证实，在一些比较原始的部落里，居民们不会数比 3 大的数字。如果他们需要说比 3 大的数字，那么他们只能用"好多"来代替。所以，从数数这个角度看，很多幼儿园里的小朋友都胜过这些原始人。

很多人认为，我们可以随心所欲地写出任何一个很大的数字，最简单的方法就是在一个数后面写上很多个零。零的个数是无限的，你可以写到累得写不下去。宇宙[①]中有很多个原子，其数目大约是 300 000 000 000 000 000 000 000 000 000 000 000 000 000 000 000 000 000 000 000 000 000 000 000 000 000 000 000 000 000 000 000 000 个。但是，我们仍然能轻易地写出比这个数大的数字来。

上面那个庞大的数字可以用 3×10^{74} 来表示，右上角的 "74" 表示零的个数，即这个数字等于 3 用 10 乘上 74 次。

人们用这种方法计数只有不到两千年的历史，这之前人们计很大的数时非常不方便。在这个简便方法发明之前，人们通过反复书写某个表示数字的符号

---

① 这里指目前人类可观测到的宇宙部分。

的方式来计数，如古埃及人用如下方式表示8732这个数字：

而恺撒（Gaius Julius Caesar）①会用如下方式表示同样的数字：
MMMMMMMMDCCXXXII

这种数字你是不是在哪里见过？这就是我们今天还在使用的罗马数字。由于古代计数很少超过几千，所以他们没有创造出表示比"千"更多的数字的符号。即使是古罗马的数学家，他也很难写出"一百万"这个数字。唯一的办法就是用一千个M表示，但这要花费很长时间。

古人认为数量很大的东西，如水中的鱼、天上的星星等，都是"不计其数"的，甚至在原始人眼里，"5"这个数字也是"不计其数"的。虽然现在看起来写出一个很大的数字很容易，但在几千年前的阿基米德时代，能够发现并写出大数字的方法就算是数学史上的一个创举了。

图1　古罗马人写出非常大的数字的方法

大科学家阿基米德（Archimedes）曾提出写大数字的方法。

---

① 恺撒（公元前100—前44年）是古罗马帝国的统治者。——编译者注

从一到无穷大

一些人觉得,在世界上任何一个角落,不管有没有人生存,那里都有无数的沙子。但另一些人觉得,沙子并不是无数的,只是无法用数字表示出来而已。后者把地球想象成一个巨大的沙堆,海洋和洞穴里也都是沙子,这个数字是无法表示出来的。但我有一个办法,不仅能表示出地球上沙子的数量,甚至能表示出整个宇宙中沙子的数量。

阿基米德所说的这个方法和现在我们常用的表示大数字的方法很像,他以"万"为初始单位,把一个新数"万万"(亿)作为第二阶单位,接下来是用"亿亿"作为第三阶单位、"亿亿亿"作为第四阶单位……

想要知道整个宇宙空间的沙子数量,首先就要知道宇宙的大小。当时人们认为,宇宙是一个水晶球,星星就嵌在球的表面上。萨摩斯[①]的天文学家阿里斯塔克斯(Aristarchus)认为,地球和天球面之间的距离是 10 000 000 000 斯塔迪姆[②],大约是 188×10^{10} 米。

通过一系列复杂计算,阿基米德得到的结果是:如果在这个天球里装满沙子,沙子的数量一定不超过 1000 万个第八阶单位[③]。

需要注意的是,阿基米德计算时采用的宇宙半径的数据远比现在人们已经观察到的为小,10 亿英里[④]刚刚超过地球和土星之间的距离。后面我们会讲到,望远镜看到的可观测宇宙的边缘约在 5 000 000 000 000 000 000 000 英里外,想要填满这个空间,需要的沙子数量就大约是 10^{100} 粒(即 1 后面有 100 个零)。

得到大数目字的方法有很多,并不一定要像上面说得这么麻烦。在一些很简单的情况下,我们也会遇到大数字,尽管当初并没有意识到。

古印度的舍罕王(Shirham)就因此吃了亏。传说当时的宰相西萨·班·达依尔(Sissa Ben Dahir)发明了国际象棋,舍罕王想赏赐他,问他想要什么。这位大臣说:"我的要求是这样的:请您先在棋盘上第 1 个格子里放 1 粒麦子,

---

[①] 萨摩斯是希腊的一个岛。——编译者注
[②] 斯塔迪姆是古希腊的长度单位。1 斯塔迪姆的长度为 606 英尺 6 英寸,约为 188 米。
[③] 用我们现在的数学表示法,这个数字是 10^{63}。
[④] 本书中使用的主要英制长度单位与法定计量单位换算关系为
1 英里≈1.609 千米,1 英尺≈0.3408 米,1 英寸≈2.54 厘米。——编译者注

在第2个格子里放2粒，在第3个格子里放4粒，在第4个格子里放8粒，依此类推，即此后每个格子里的小麦数量比前一个增加1倍，直到放满棋盘上的64个格子。"国王觉得这个要求很容易满足，于是他毫不犹豫地答应了。

图2　西萨·班·达依尔正在向舍罕王请求赏赐

赏赐开始了，一切都按照宰相的要求去做，但还没放到第20个格子时一袋小麦用光了，于是国王下令再去拿麦子，麦子一袋一袋地扛来，但很快国王就发现了：即使把全国的麦子都拿来也无法满足宰相的要求。事实上，想要做到这点，需要的麦粒数量是惊人的18 446 744 073 709 551 615颗！

1蒲式耳①小麦的数量大约是5 000 000颗，满足宰相要求的麦子数量大约是4万亿蒲式耳。这是一个惊人的数字，是全世界两千年麦子产量的总和！②

在古印度还有一个类似的传说，这个故事是这样的。

贝拿勒斯③圣庙是世界的中心，这里有一个插着三根宝石针的黄铜板。每

---

① 蒲式耳是英、美计量体积的单位。1美蒲式耳约为35.24升。——编译者注
② 这个数字可写为
$1 + 2 + 2^2 + 2^3 + 2^4 + \cdots + 2^{62} + 2^{63}$。
我们把这样的数列称为几何级数，所有项相加的结果，等于固定倍数（这里的倍数为2）的项数次方幂（这里的项数为64）减去第一项（这里的第一项为1）所得到的差除以固定倍数与1之差。即：
$$\frac{2^{64} - 1}{2 - 1} = 2^{64} - 1$$
得到的结果就是18 446 744 073 709 551 615。
③ 贝拿勒斯，瓦拉纳西的旧称，位于印度北部，是佛教的圣地。——编译者注

根宝石针高约 20 英寸，粗细和筷子差不多。在创造世界的时候，梵天①把 64 片大小不同的金片按照从大到小的顺序套在其中一根宝石针上，这就是传说中的梵塔。造好之后，他命人不分昼夜去移动这些金片，但在移动的时候要按照如下规则：每次只能移动一片套在另外的宝石针上，而且在三根宝石针上，永远是小金片在大金片上面。如果这 64 片金片都被移动到另外一根宝石针上，整个世界就会毁灭。

图 3　一位僧侣正在解决"世界末日"问题，这里为了方便，并没有画出 64 片金片

我们可以自己用纸板和钉子做出这个玩具，可以看出移动的规律是这样的：不管移动哪张纸板，移动的次数一定比移动上面一片的次数增加一倍。由此可知，第一片需要移动一次，剩下的纸板移动次数将成倍增长，即全部移动完毕的次数等于西萨·班·达依尔要求的麦粒的数字②！

假设每秒移动一次，那么把这 64 个金片按要求移动到另一根针上需要多长时间呢？结果是惊人的 5 800 亿年！

我们可以把这个结果和现代科技的结论放在一起比较。根据天文学家的推测，使太阳保持燃烧的原料还能维持 100 亿至 150 亿年，与上面的时间相比那就少很多了。

---

①　梵天是婆罗门教、印度教主神之一。——编译者注

②　当纸板只有 7 片时，需要移动的次数如下：$1 + 2^1 + 2^2 + 2^3 + \cdots + 2^6 = 2^7 - 1 = 2 \times 2 \times 2 \times 2 \times 2 \times 2 - 1 = 127$。同理可知，当纸板的数量是 64 片时，需要移动的次数就是 $2^{64} - 1 = 18\ 446\ 744\ 073\ 709\ 551\ 615$。

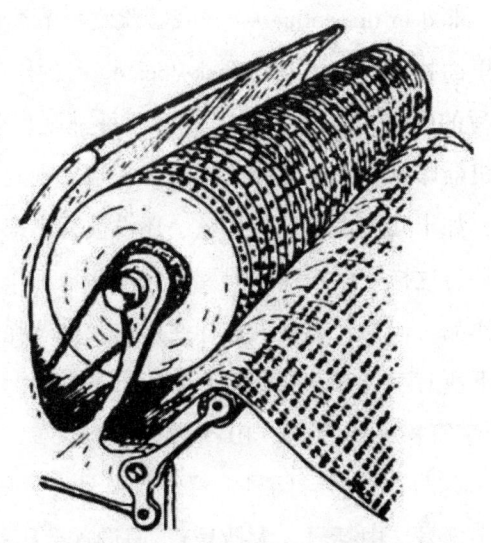

图 4　这就是我们说的自动印刷机

类似问题还有很多，"印刷行数问题"就是其中的一个。

有一台可以印出一行行文字，在每行都能自动换一个字符，使字母组合有别于其他行的印刷机。这台印刷机包括一组圆盘，圆盘的盘缘是全部字母和符号。当每片轮盘转动一周时，就可以带动下面的轮盘转动一个字母或符号。通过滚筒，纸张被自动送进盘下。

机器开动后，我们来看一看它到底印刷出了什么。当然，大部分是没有任何实际意义的内容。

"aaaaaaaaaaa…"

或者

"booboobooboo…"

或者

"zawkporpkossscilm…"

既然这台机器可以印刷出所有的字母和符号的组合，那么我们肯定也会发现一些句子，这些句子也很有意思，如：

"Horse has six legs and…"（马有六条腿，并且……）

或者

"I like apples cooked in turpentine…"（我喜欢吃松节油煎苹果……）

我们甚至能从里面找到莎士比亚（Shakespeare）[①] 的作品！

事实上，人类写的每一个句子、每一首诗、每一则广告、每本厚厚的著作……都能用这台机器印刷出来。除此之外，在未来出现的一切文字也都能用这台机器印刷出来，如十几个世纪后的诗歌、还没被写出来的小说、未来某年的统计数据……如果有这样一台机器，只要让它不断地工作，那么我们就一定能得到可以出版的作品。但为什么没人这样使用这台机器呢？

我们先计算一下所有字母和符号的组合能印出多少行。

英语中共50个字符：26个字母、10个数字（0，1，2，…，9），还有14个常用符号（空格、句号、逗号、问号、冒号、引号、分号、叹号、省略号、破折号、连字符、小括号、中括号、大括号）。假设这台印刷机每行能打65个字符，那么每一行第一个字符可能是这50个字符中的任意一个，第二个字符又会有50种可能，所以前两个字符的组合就有 $50 \times 50 = 2500$ 种。同理，第三个字符也有50种可能。依此类推，整行可能出现的字符组合就会多达

$$\underbrace{50 \times 50 \times 50 \times \cdots \times 50}_{65\ 个}$$

，或 50^{65}，也就是相当于 10^{110} 种。

这个数字大到什么程度呢？如果印刷机的数量和宇宙中原子的数量相同，则为 3×10^{74} 部机器。假设所有机器从30亿年前开始工作，每秒一共可以打出 10^{15} 行。那么，直到今天为止，所有机器打印出的内容一共的行数是

$$3 \times 10^{74} \times 10^{17} \times 10^{15} = 3 \times 10^{106},$$

这只相当于所有可能性的 1/3000 左右。由此可知，想通过这种方式得到想要的东西要花的时间实在是太长太长了。

二、怎样计数无穷大的数字

上面我们说了一些"巨大"的数字，虽然它们很大，但只要时间充足，

[①] 莎士比亚（1564—1616年），文艺复兴时期英国剧作家及诗人。——编译者注

我们还是能把它们写出来。

事实上确实存在这样的数，我们能写出的任何数都比它小，如一条线上点的数量和整数的个数，我们只好用"无穷大"来形容这两个数了。此外，我们能不能比较一下都是"无穷大"的这两个数，看看哪个数更大些呢？

一条线上点的数量和所有整数的个数哪个大？这刚一看起来像是一个让人觉得毫无意义的问题，然而著名数学家康托尔（Georg Cantor）却对这个问题进行了研究，他也因此被认为是"无穷大数算术"的奠基人。

想要比较两个数的大小，首先要思考一个问题：它们无法写出来也无法读出来，要用什么方法比较？现在你可以想象一个只能数到3的原始人，他想知道自己的物品里铜币和珠子哪个多。不会数很大数字的他，难道会放弃想法吗？当然不会。他可能会通过一个一个比较的方法得到最终结果，即把一个铜币和一个珠子一组，然后一直分组。哪样物品先用光，就说明另一样物品的数量是多的。如果同时用光，那么二者数量相等。

康托尔所提出的方法和上面的方法一样：把两组数中的数字一一相配。哪组数字先用光，就说明另外一组数字的数量多。如果同时用光，那么两组数字的数量相等。

这是唯一的方法，但实施起来还是很困难。例如比较奇数和偶数的数量，你会认为它们的数量一样多。你也可以用上面说的那个方法，把它们一一相配：

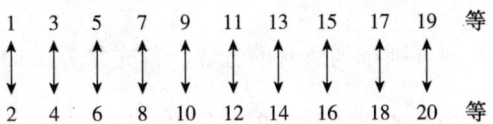

上表中奇数和偶数是一一对应的，这实在是太简单了！

然而你继续想下去，整数的数量和偶数的数量哪个大呢？你会脱口而出，肯定是整数的数量大，因为整数里不只有偶数还有奇数。但这只是你的感觉，通过运用上面的方法，我们就能得出正确结论。你会知道你的答案是错的，如下所示：

从一到无穷大

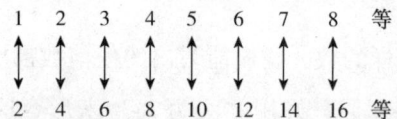

由此可知,二者数量是相同的。虽然这个结果看起来不合理,但需要注意的是我们比较的是两组无穷大的数字,所以我们的思维也要打破常规才行。

即使是一部分,放到无穷大里,也可能会变成全部。德国数学家希尔伯特(David Hilbert)曾用一个故事来说明这个问题。①

假设一家旅馆里面有若干个房间,一位顾客想住在这里,但店主告诉他已经没有空房了。

再假设另外一家旅店,房间的数量是无限个,并且没有空房间,这时也有一位顾客想住进来。

店主说:"没问题!"然后他让第一个房间里的客人住进第二个房间里,第二个房间里的顾客住进第三个房间里……于是,新来的顾客就住进第一个房间里了。

再想象一家同样有无数个房间的旅店,无数位客人想住进来。于是店主让第一个房间的客人住进第二个房间里,第二个房间里的顾客住进第四个房间里,第四个房间里的顾客住进第六个房间里……这样一来,单号房间就都是空的了。

虽然这个例子不合常理,但是一个恰到好处的例子。通过它我们能够明白,无穷大数的性质及问题是非常特殊的。

按照这个原则我们还可以知道,普通分数(如 $\frac{3}{7}$,$\frac{375}{8}$ 等)的数量和整数的数量相同。按照下列规则排列所有的分数:首先是分母加上分子等于2的分数,只有 $\frac{1}{1}$;接下来是二者相加等于3的分数,只有 $\frac{2}{1}$ 和 $\frac{1}{2}$;再接下来是二者相加等于4的分数,只有 $\frac{3}{1}$,$\frac{2}{2}$,$\frac{1}{3}$。持续做下去就会得到一个无穷的分级数列,这个分数数列包含了所有可能的简分数(图5)。如果在它旁边写上所有整数,就会发现无穷分数和无穷整数是一一对应的,即它们的数量是相等的!

---

① 这段文字从没见诸纸端,希尔伯特本人也没有写下来,但它流传得很广。本书引自 R. Courant,*The Complete Collection of Hilbert Stories*。

图5 原始人和康托尔教授在比较数不出来的数目的大小

这是多么神奇的事情！难道所有无穷大的数的数量都相等吗？这样的话，它们之间不就没有互相比较的意义了吗？事实并非如此，找出比所有整数和分数所构成的无穷大数还大的无穷大数是很容易的。

通过思考整数个数和线段上点数这个问题就可以知道，这是两个不一样大的数，整数的个数要小于线段上点的个数。我们用上面的方法，建立二者的对应关系，线段的长度为1长度单位，比如1英寸或1厘米。

线段上任意一点都可以写成这点到端点的距离，而这个距离可以是无穷的小数，如

0.735 062 478 005…

或

0.382 503 756 32…①

下面的工作就是把无穷小数的数量和整数的数量进行比较。然而，这些无穷小数和分数（如 $\frac{3}{7}$，$\frac{8}{277}$）有何区别呢？我们都知道这样一个规则，那就是所有分数可以写成无限循环的小数，如 $\frac{2}{3}=0.666\,6\cdots=0.\dot{6}$，$\frac{3}{7}=0.428\,571\,428\,571\,428\,571\cdots=0.\dot{4}2857\dot{1}$。

---

① 因为已经假定线段的长度是1个长度单位，如1英寸或1厘米，所以这些数都比1小。

刚才已经说过，整数的数量等于普通分数的数量。因此，整数的数量一定等于所有循环小数的数量。此外，在一条线段上，大部分的点由不循环的小数表示。也就是说，对应关系不成立。

如果有人声称建立了下面这种对应关系：

N
1   0.3 8 6 0 2 5 6 3 0 7 8…
2   0.5 7 3 5 0 7 6 2 0 5 0…
3   0.9 9 3 5 6 7 5 3 2 0 7…
4   0.2 5 7 6 3 2 0 0 4 5 6…
5   0.0 0 0 0 5 3 2 0 5 6 2…
6   0.9 9 0 3 5 6 3 8 5 6 7…
7   0.5 5 5 2 2 7 3 0 5 6 7…
8   0.0 5 2 7 7 3 6 5 6 4 2…
·   ···
·   ···
·   ···

这里当然不会把无穷多个小数和整数都写上，所以这一声称只是说明他发现了某个普遍规律（这个规律和我们排列分数时的规律类似），并且制成了这个表，在表里可以出现任何小数。

这类声称是不科学的，因为还有表中未列出的其他无穷多个小数可以被写出来。方法很简单，即让这个小数的十分位（第一小数位）和表中第一个小数的十分位不同，百分位（第二小数位）和表中第二个小数的百分位不同，如此类推。我们得到类似如下的结果：

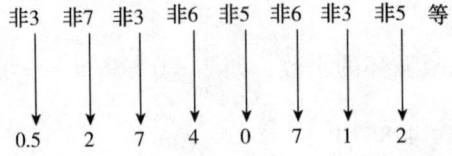

上页的表中是不管怎样也不会有这个数的，如果制作这个表的人告诉你，

这个数在他表中是第 137 个小数（或是其他任意一个小数），你也可以对他说：这个数的第 137 位和你说的这个数的第 137 位不一样。

这样的话，整数和线段上的点数就无法建立一一对应的关系了，即整数的个数小于线段上点的个数。

我们刚才讨论的是"1 英寸长"的线段的情况，但按照"无穷大数算术"法则，可以很容易地证明，任意长度的线段，其与"1 英寸"长的线段情况相同。事实上，无论是 1 英寸、1 英尺，还是 1 英里长的线段，上面点的数量都是一样的。看一下图 6 就会明白，AB 和 AC 是两条不等长的线段，现在要对它们上面点的数量进行比较。通过 AB 任意一点且与 BC 平行的线一定会和 AC 相交，于是我们得到了图中 D 与 D'，E 与 E'，F 与 F' 这样相对应的一组点。对于线段 AB 上的任意一点，线段 AC 上都有一个与之对应的点，反之亦然。因此，按照规则，AB 和 AC 这两条线段上的点的数量构成的两个无穷大是相等的。

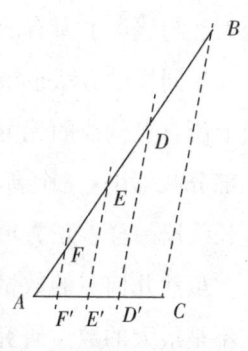

图 6

继续分析下去，我们会得到更不可思议的结果：线段上所有的点的数量等于平面上所有的点的数量，通过图 7 我们可以证明这点。图 7 中，AB 是一条 1 英寸长的线段，正方形 CDEF 的边长也是 1 英寸，现在比较它们包括的点的数量多少。

假设线段 AB 上有一点可以用 $0.751\,203\,86\cdots$ 表示，我们把这个小数按照小数点后奇数位和偶数位分成两个小数：$0.710\,8\cdots$ 和 $0.523\,6\cdots$。

按照上面这两个小数的长度在正方形的水平方向和垂直方向分别量度，以这两者为坐标就会得到一个交点，我们把这个点叫作上面所述线段上的那个点的"对偶点"。反之，正方形里所有的点，例如，对 $0.483\,5\cdots$ 和 $0.990\,7\cdots$ 这两个数所描述的点，我们将这两个数按奇偶位混合组成

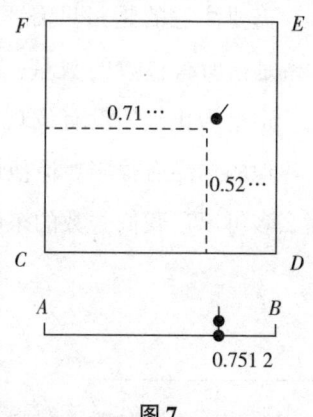

图 7

一个数，同样也会在线段上得到"对偶点"0.498 930 57⋯

显然，通过上面的方法，平面和线段上一定会有相互对应的一组点。线段上的点在平面上都有一个对应点，而平面上的点在线段上有一个对应点，两组之间没有多余的不对应点。因为，按康托尔规则，正方形内所有的点组成的无穷大，与线段上所有的点组成的无穷大是相等的。

用同样的方法也很容易证明，立方体内所有点构成的无穷大与正方形或线段上所有点构成的无穷大是一样的。我们可以把线段表示的点的原始小数分成三部分[①]，用这三个新小数在立方体内找到"对偶点"就可以了。而且，和不等长线段一样，正方形和立方体内点的数量相同，和它们的大小没有关系。

虽然几何点的数量已经比整数和分数的数量大很多了，可是数学家会知道它不是最大的数。研究表明，事实上各式各样的曲线（包括各种形状在内），其样式的总数量要远远大于几何点的总数量。所以，应该把曲线样式总数看成第三级无穷数列。

根据康托尔制定的"无穷大数算术法则"，可以用希伯来字母 $\aleph$（读作阿莱夫）来表示无穷大数，然后在这个字母的右下角写上相应数字来表示无穷大数的级别。于是，数字（包括无穷大数）的数列就是

1，2，3，4，5，⋯，$\aleph_1$，$\aleph_2$，$\aleph_3$，⋯

这样一来，我们说"一条线段上点的数量是$\aleph_1$个"或"曲线的样式有$\aleph_2$种"，就像说"世界有七大洲"或是"一副扑克有52张牌"一样简单。

需要注意的是，只需要几个"级"就能把已知的所有无穷大数包含了。如$\aleph_0$是指所有整数的数量，$\aleph_1$是指所有几何点的数量，$\aleph_2$是指所有曲线的数量。迄今为止，还没有发现能够用$\aleph_3$来表示的无穷大数。这正好和原始人相反：他的物品有很多，但他最多能数到3；现在我们可以数任何东西，但没有那么多可以让我们去数的东西！

[①] 例如，我们可把数字0.735 106 822 548 312⋯分成三个新的小数：0.718 53⋯，0.302 41⋯，0.562 82⋯。

第一章 大数

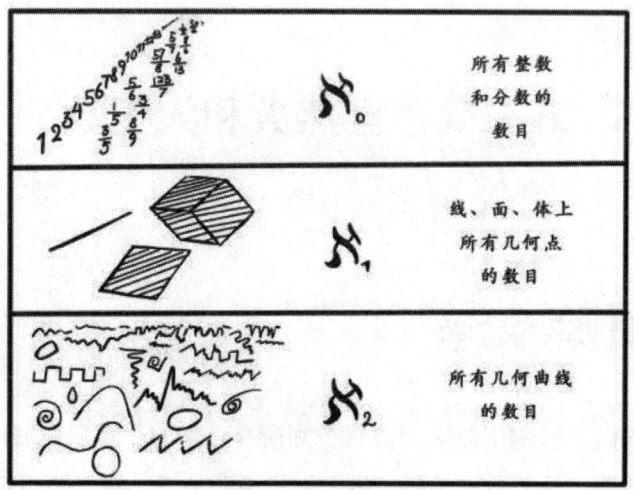

图8　无穷大数的头三级

15

第二章 自然数和人工数

一、最纯粹的数学

数学被人们（特别是数学家们）誉为所有科学的"皇后"。作为"皇后"，其当然不能屈尊于其他分支学科。举个例子说明一下：有人希望希尔伯特能在"纯粹数学和应用数学联席会议"上说点儿什么，借此让持有不同观点的纯粹数学家和应用数学家间的敌意得以消除，他是这么说的：

"很多人认为纯粹数学和应用数学是互有敌意的，但这不是真实的！不管是过去、现在还是将来，纯粹数字和应用数字都不是对立的，因为它们之间没有任何共同之处。"

尽管数学一直希望保持自己的纯粹性而与其他学科保持距离，但其他学科一直尽量亲近数学，尤其是物理学。实际上，纯粹数学的几乎每一个分支，如抽象群、不可逆代数、非欧几何等，都已被用来解释物质世界的性质了，而以前这些数字被认为是最为纯粹而无实际用途的数学理论。

目前为止，数学还有一个大分支没找到任何用途（除智力体操的用途以外），这才是真正的"纯粹之王冠"。这就是数学的一个最古老分支——数论（这里的数指整数），同时它也是纯粹数学思维的最复杂的产物。

奇怪的是，从某个角度来看，这门最纯粹的数学又可以被称为经验科学，甚至是实验科学。因为这门学科里的理论是通过运用数学做某件事情而得出的，这和物理学里许多定理得出的方式是一样的。而且，很多定理已经被证明出来，另一些还在让数学家们冥思苦想，这也和物理学是一样的。

现在以质数问题为例。2，3，5，7，11，13，17等都是质数，其特点是不能用两个或两个以上较小的整数的积来表示，如12就不是质数，因为它可

以分解为 $2 \times 2 \times 3$。

有没有一个最大的质数呢？欧几里得（Euclid）[①] 就想过这个问题，他经过研究后得出结论：质数的数目可以任意延伸，即"没有最大的质数"。

我们可以先假设有最大的质数来证明这个结论，这个数字用 N 表示。先把所有质数相乘，然后加 1。于是得到式子：

$$(1 \times 2 \times 3 \times 5 \times 7 \times 11 \times 13 \times \cdots \times N) + 1。$$

显然，这个数字要大于最初假设的那个质数 N。同样明显的是，这个数不能被小于 N（包括 N）的任意质数除尽，因为我们在最后加了个 1，所以最小的余数就是 1。

所以，这个数有两种情况：①它本身也是一个质数；②它能被另一个大于 N 的质数整除。这两种情况都和我们之前的假设——N 是最大的质数相矛盾。

这种证明方法就是数学家们最喜欢用的反证法。

既然质数的数量是无限的，怎样才能把它们一个一个地写出来呢？古希腊著名学者埃拉托色尼（Eratosthenēs）发明了一种叫作"过筛"的方法：首先把所有自然数按照 1，2，3，4…的顺序排列，接下来依次去掉 2，3，5 的倍数等。图 9 就是通过这种方法得到的 100 以内的质数，一共是 26 个。运用这个方法，我们已经知道了 10 亿以内的所有质数。

这个方法还是有点麻烦，有没有一个能够很快得出所有（并且只有）质数的公式呢？经过很多年的努力，人们还是没能找到这样的公式，直到公元 1640 年，法国数学家费马（Pierre de Fermat）声称自己找到了符合要求的公式。这个公式是 $2^{2^n}+1$，n 是自然数，如 1，2，3，4 等等。从这个公式我们得到：

$2^{2^1}+1=5$，

$2^{2^2}+1=17$，

$2^{2^3}+1=257$，

$2^{2^4}+1=65\ 537$。

[①] 欧几里得（约公元前 330—前 275 年），古希腊几何学家。——编译者注

图9

这些结果都是质数。然而一个世纪后,德国数学家欧拉(Leonhard Euler)指出,通过这种方法计算出来的第五个数即 $2^{2^5}+1 = 4\ 294\ 967\ 297$ 不是质数,它是 6 700 417 和 641 的积。

所以,费马提出的这个公式是不正确的。

另外还有一个公式,也能得到很多质数,即:

$n^2 - n + 41$,

这里的 n 也是 1,2,3 等自然数,在 n 的数值是 1 到 40 之间任意一个整数时这个公式是成立的。然而,当 n 等于 41 时,这个公式就不成立了,即:

$(41)^2 - 41 + 41 = 41^2 = 41 \times 41$,

这不是一个质数,而是一个平方数。

此外还有另外一个公式:

$n^2 - 79n + 1601$,

同样,n 为 1 到 79 时,所得结果都为质数,但当 n 等于 80 的时候,这个公式又不成立了!

所以,直到现在,人们仍没有找到符合要求的公式。

1742年提出的"哥德巴赫（Goldbach）猜想"也是一个很有趣的数论定理。这个定理虽然没有被推翻，但同样也没有被证明。定理的内容很简单：任意偶数都可以用两个质数之和表示。通过几个简单的算式就能证明这句话的正确性，如12 = 7 + 5，24 = 17 + 7，32 = 29 + 3 等。尽管很多数学家都在研究这个问题，但仍不能对它进行肯定，同时也无法反证。直到1931年，数学家施尼雷尔曼（Schnirelman）取得了迈向成功的第一步。他证明了，任意一个偶数只能用300 000 个以内质数之和来表示。后来，另一个数学家维诺格拉多夫（Vinogradov）大大缩短了"2个质数之和"和"300 000 个质数之和"之间的距离。他证明的结论是"4个质数之和"。虽然从"4个质数之和"到"2个质数之和"之间只有两步，但这两步是最艰难的，谁都无法确定这两步需要走多少年，甚至是多少个世纪[1]。

由此可知，我们离得出自动给出任意大的所有质数的公式还有很长的距离，甚至我们还不能确定是否存在这样的公式。

我们可以从小问题入手——在某个范围内，质数所占比例是多少。这个比例是随着总数的增大或减少而相应变化的，还是接近某个常数呢？我们可以查出在一些特定范围内有多少个质数：100 之内质数有26个，在1 000 之内是168个，1 000 000 之内是78 498 个，1 000 000 000 之内是50 847 478 个。质数和范围的比例如下表所示：

数值范围 1 ~ N	质数数目	比率	$\frac{1}{\ln N}$	偏差/%
1 ~ 100	26	0.260	0.217	20
1 ~ 1000	168	0.168	0.145	16
1 ~ 10^6	78 498	0.078 498	0.072 382	8
1 ~ 10^9	50 847 478	0.050 847 478	0.048 254 942	5

显然，随着范围的增大，质数所占的比例是减小的，但并不会存在某个终止点。

---

[1] 我国数学家陈景润在这个问题上取得了重大突破。他的结论是：任意偶数都可以用一个质数和不多于两个质数的乘积之和来表示。——编译者注

可以用数学的方法来表示这种现象吗？当然可以！而且这个方法也是数学史上最重要的发现之一。这条规律很简单：从1到任何自然数N之间质数所占百分比，近似由N的自然对数[1]的倒数所表示。随着N的不断增大，这个规律会变得更加精确。

观察表格的第四栏，可以看到N的自然对数的倒数。通过和上一栏的比较就会发现它们随着N的增大而不断接近。

很多数论上的定理最初是以假设的形式出现的，并且过了很久才被证明出来，上述那个和质数有关的定理就是这样。这个定理直到19世纪末才被法国数学家阿达马（Jacques Solomon Hadamard）和比利时数学家普森（Charles Jean de la Vallée-Poussin）证明出来。这是一个很复杂的过程，这里就不详细说明了。

在涉及整数的问题时，就一定要说一说费马大定理，虽然这个定理和质数没有必然的联系。首先让我们来到古代的埃及，当时的木匠知道一个事实：如果一个三角形三条边的比例是3∶4∶5，那么这个三角形一定是直角三角形。知道这个规律后，古埃及的木匠就做出了直角三角尺[2]。直至今天，还有人把这样的三角形称为"埃及三角形"。

1700多年前，亚历山大里亚的丢番图（Diophantus）[3]想弄清这样一个问题：只有3和4这两个数字符合"两个整数的平方加在一起等于第三个整数的平方"这个现象吗？当然不是！他通过计算，又找到了很多组这样的数字（实际上这样的数字有无穷多组），而且还给出了运算规则。人们把三条边的长度是整数并且符合这个规律的直角三角形叫作"毕达哥拉斯三角形"。换句话说，求毕达哥拉斯三角形的三边就是解方程

$$x^2+y^2=z^2,$$

---

[1] 把这个说法再简化，即一个数的自然对数，与它的常用对数乘以2.3026近似相等。

[2] 毕达哥拉斯定理已证明$3^2+4^2=5^2$。（毕达哥拉斯定理就是我国古代的勾股定理。——编译者注）

[3] 丢番图（210—290年），古希腊数学家。——编译者注

这里，x，y，z 必须是整数①。

1621 年，费马在巴黎买了一本丢番图的著作——《算术学》，作者在书里介绍了毕达哥拉斯三角形的相关知识。费马在书的空白处写了一些笔记，其中有这样的记载：

$x^2 + y^2 = z^2$ 的整数解有无穷多组，并且 $x^n + y^n = z^n$ 这类方程，当 n 的值大于 2 时，方程不存在整数解。

最后他又说："我已经知道该如何证明这点，但书里的空白处写不下。"

这些记录在费马去世后才公布于众。从那以后，全世界的数学家都曾试图写出费马当时的证明方法，但没有一个人做到。值得欣慰的是，在对这个问题进行研究的过程中，数学得到了很大的发展，"理想数论"这个数学新分支就是因此创立起来的。数学家欧拉证明出方程 $x^3 + y^3 = z^3$ 和 $x^4 + y^4 = z^4$ 不存在整数解。狄利克雷（Peter Gustav Lejeune Dirichlet）② 证明方程 $x^5 + y^5 = z^5$ 不存在整数解。在众多数学家辛勤的努力下，已经证明了费马这个方程在 n 为小于 269 的整数时不存在整数解。但是，迄今为止仍然没人能证明这个 n 在任意整数的情况下方程都没有整数解。于是有人开始怀疑，认为费马根本就没有想出证明的方法，或者他计算错误。曾经有人悬赏 10 万马克，希望有人能证明这条定理。虽然有很多人应征，但这笔奖金仍然没有被拿走③。

---

① 丢番图的做法是这样的：假设两个数 a 和 b，使 $2ab$ 为完全平方。这时，
$x = a + \sqrt{2ab}$，$y = b + \sqrt{2ab}$，$z = a + b + \sqrt{2ab}$。
用代数方法很容易证明，这时
$x^2 + y^2 = z^2$。
下面是一些可能性：
$3^2 + 4^2 = 5^2$（埃及三角形），
$5^2 + 12^2 = 13^2$，
$6^2 + 8^2 = 10^2$，
$7^2 + 24^2 = 25^2$，
$8^2 + 15^2 = 17^2$，
$9^2 + 12^2 = 15^2$，
$9^2 + 40^2 = 41^2$，
$10^2 + 24^2 = 26^2$。
② 狄利克雷（1805—1859 年），德国数学家。——编译者注
③ 费马定理于 1995 年被英国数学家安德鲁·怀尔斯（Andrew Wiles）证明。——编译者注

费马定理有可能是错误的，只要能证明两个整数的某一次幂的和等于第三个整数的同一次幂就行了。然而，要从幂次在269以上的整数里去找这个数是很困难的。

二、神秘的 $\sqrt{-1}$

下面我们做一下高级算术。二二得四，三三得九，四四一十六，五五二十五，所以，4的算术平方根为2，9的算术平方根是3，16的算术平方根是4，25的算术平方根是5[①]。

这些数都是正数，负数会怎样呢？$\sqrt{-1}$、$\sqrt{-5}$这类式子有意义吗？如果你对有理数有初步的了解，你肯定会说，这样的式子是无意义的。12世纪的数学家拜斯迦罗（Brahmin Bhaskara）[②]说："正数和负数的平方都是正数。所以，正数有一正一负两个平方根。负数不是平方数，因此没有平方根。"

虽然这些式子看起来没有任何意义，但它还是在很多时候和场合出现了，这其中既有20世纪相对论的时空结合问题，又有最古老的简单计算。数学家们都非常有韧性，不把这个问题弄清楚，他们是不会罢休的。

首先把这个没有意义的东西公开写进公式的是意大利数学家卡尔达诺（Cardano）。他在思考能否把10分成两部分，并且这两部分的乘积等于40时指出，虽然这个问题无解，但要是把10分成 $5+\sqrt{-15}$ 和 $5-\sqrt{-15}$ 就可以了。

卡尔达诺也认为这是两个没有意义的式子，只是他自己想象出来的，但难能

[①] 还有其他许多数的算术平方根也很容易得出，如 $\sqrt{5}=2.236\cdots$
  因为
  $(2.236\cdots) \times (2.236\cdots) = 5.000\cdots$
  $\sqrt{7.3}=2.702\cdots$
  因为
  $(2.702\cdots) \times (2.702\cdots) = 7.3000\cdots$
[②] 拜斯迦罗（1114—1185年），印度数学家。——编译者注

可贵的是他把这两个式子记录下来了①。

虽然是两个没有意义的式子，但它还是解决了"把 10 分成两部分，并且这两部分的乘积等于 40"这个问题，卡尔达诺还给它们起了个名字——虚数。从此以后，虚数应用的地方越来越多了，但数学家们在用虚数的时候仍小心翼翼。比如科学家欧拉（Euler），他在很多著作里用了虚数。但他又是这样评价的："所有和 $\sqrt{-1}$，$\sqrt{-2}$ 类似的式子是没有意义的，只存在于想象之中，因为这种式子表示的意义是负数的平方根。我们只能说，这样的数虽然不是什么都不是，但也不比什么都不是多出些什么，更不比什么都不是少了一些什么。它们都是虚幻的。"尽管如此，虚数仍然在数学界迅速占据了重要的一席之地。甚至可以说，假如没有虚数，很多方面将寸步难行。

其实可以把虚数认为是实数在镜子里反映出来的影像。我们都知道，所有实数都可以从基数 1 中得到。同样，把虚数的基数设为 $\sqrt{-1}$，就能得到所有虚数。通常用 i 表示 $\sqrt{-1}$，由此可知，$\sqrt{-9}=\sqrt{9}\times\sqrt{-1}=3i$，$\sqrt{-7}=\sqrt{7}\times\sqrt{-1}=2.646\cdots i\cdots$，等等这样的话，所有实数都有一个虚数与之对应，而且二者还能结合在一起，组成一个新的表式，如 $5+\sqrt{-15}=5+\sqrt{15}i$。这种表示方法又被称为复数，它的发明者是卡尔达诺。

虚数进入数学界后，一直以神秘的面貌示人，直到挪威测绘员威塞尔（Wessel）和法国会计师阿尔刚（Robert Argand）给虚数作了几何解释。值得一提的是，他们都是业余的数学家。

根据二人的解释，复数是可以像图 10 那样表示出来的，这幅图里的复数是 $3+4i$，3 和 4 分别是水平和垂直方向的坐标。

任意实数（无论正数还是负数）都在横轴上有对应的点；纯虚数则和纵轴上的点对应。用横轴上的实数 3 和虚数单位 i 相乘，结果就是纵轴上的纯虚

---

① 验证如下：
$(5+\sqrt{-15})+(5-\sqrt{-15})=5+5=10$，
$(5+\sqrt{-15})\times(5-\sqrt{-15})$
$=(5\times5)+5\sqrt{-15}-5\sqrt{-15}-(\sqrt{-15}\times\sqrt{-15})$
$=25-(-15)=25+15=40$。

数 3i。所以一个数和 i 相乘后，在几何上就相当于按照逆时针方向旋转 90°（图 10）。

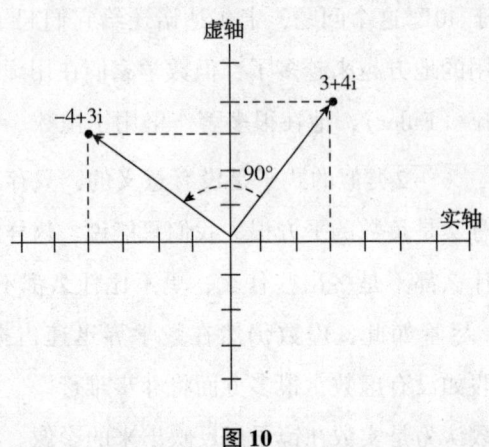

图 10

要是用 3i 再和 i 相乘，那么还要按逆时针方向旋转 90°，这下最终回到的就是负数一侧的横轴上了，因为

$3i \times i = 3i^2 = -3$，或 $i^2 = -1$。

相比于"两次都逆时针旋转 90°"这个说法，"i 的平方等于 -1"比较容易理解。复数也适用这个规则，我们用 $3+4i$ 和 i 相乘，结果就是 $(3+4i)i = 3i + 4i^2 = 3i - 4 = -4 + 3i$。

通过观察图 10 可知，$-4+3i$ 可以看作 $3+4i$ 这个点绕原点按逆时针方向旋转 90°的结果。同理可知，某个数和 $-i$ 相乘后的结果就是这个数围绕原点按照逆时针方向旋转 90°。

下面是一个很简单的和虚数应用有关的问题，通过这个问题，你会对虚数有更加深刻的理解。

从前，有个年轻人无意中发现了一张提示藏宝地点的羊皮纸，上面是这么说的：

乘船至北纬……西经……①就会发现一座荒岛。岛北面的草地上生长着一棵橡树和一棵松树②，另外还有一个处死叛变者的绞刑架。从绞刑架向橡树出

---

① 为了保密，这里的经纬度已经删掉了。
② 这里当然不止有两棵树，这么做的原因也是为了保密。

发,记住中间所走的步数;然后从橡树下向右拐一个直角的弯,走同样的步数,并在此立一根桩子。然后再回到绞刑架下,这时要向松树出发,同样记住走过的步数。来到松树下后,向左拐个直角,走同样的步数,也要在这里立一根桩子。宝藏就在两根桩子的正中间。

由于纸上的内容很简单,年轻人立刻向着这座荒岛出发了。来到岛上后,他很顺利地找到了橡树和松树,然而不幸的是绞刑架却不知道哪里去了。由于长久的风吹日晒,绞刑架早就腐烂不见了,甚至没留下一点痕迹。年轻人只得徒然地到处挖掘,但这座岛太大了,盲目乱挖只是白费力气。最终,他只好选择放弃,带着失望离开了荒岛,那些宝藏却永远留在了岛上。

如果这个年轻人了解虚数的知识,那么他很可能满载而归的!下面我们就用数学知识来帮助他,虽然已经晚了。

图 11　用虚数可以帮助寻找宝藏

首先假设荒岛是个复数平面。一条实轴经过两棵树,虚轴垂直于实轴并且经过实轴的中心(如图 11 所示),长度单位等于两棵树之间距离的 1/2。现在，松树的位置是实轴上的 +1 点，橡树的位置是实轴上的 -1 点。我们用希腊字母 Γ 来表示绞刑架的位置，它不一定在两根轴上。所以，Γ 应该是个复数，即 $\Gamma = a+bi$。

下面的工作是计算，回忆一下我们上面提到的虚数乘法。因为橡树的位置是 -1，绞刑架的位置是 Γ，所以它们的距离和方位就是 $-1-\Gamma = -(1+\Gamma)$。

同理，松树和绞刑架间的距离是 $1-\Gamma$。然后把这两个距离分别按照顺时针和逆时针的方向旋转 90°，即按照之前说的那个方法把这两个距离分别与 i 和 -i 相乘。两根桩的位置如下：

第一根：$(-i)[-(1+\Gamma)]+1 = i(\Gamma+1)+1$，

第二根：$(+i)(1-\Gamma)-1 = i(1-\Gamma)-1$。

这两根桩子的正中间就是宝藏所在的地方，所以我们还要算出这两个复数之和的二分之一，即

$$\frac{1}{2}[i(\Gamma+1)+1+i(1-\Gamma)-1]$$

$$=\frac{1}{2}(i\Gamma+i+1+i-i\Gamma-1) = \frac{1}{2}(2i) = i。$$

现在可以发现，在进行运算的时候，表示绞刑架所在位置的 Γ 已经不见了。无论它在哪里，宝藏的位置就是 +i 这个点。

如果那个年轻人懂得这些知识，那么他一定会在图 11 中打 × 的地方挖到宝藏。

此外，在不知道绞刑架所在位置的情况下，你可以在一张纸上先画出两棵树的位置，然后在其他不经意位置假设那里是绞刑架，再按照羊皮纸上的提示去画。尽管你可能会画很多次，但你仍然能找到复数平面中 +i 那里！

人们还通过 -1 的平方根这个虚数找到了更大的宝藏，这就是时间和三维空间是可以结合的，然后得到遵从四维几何学规律的四维空间。接下来我们会说说爱因斯坦和他的相对论，我们将对这个重大发现进行进一步的讨论。

第二部分

空间、时间与爱因斯坦

第三章 空间的不寻常的性质

一、维数和坐标

虽然我们经常用到"空间"这个词，但很少有人知道它的准确意义是什么。也许你会说，所谓的空间就是包含万物，能让万物在里面朝着任意方向运动的地方。通过三个互相垂直的独立方向，可以描述出我们所处的物理空间的最基本的性质，这个空间是三维的。在空间里，这三个方向可以确定任意一个地方。在一个陌生的城市里，你向人打听某个地方，对方就会对你说："先向南走五条街，然后向右走两条街，你会看见一座高楼，第七层就是你要去的地方。"我们把这几个数字称为坐标。通过对方的描述，你找到了大街、楼的层数和出发点的坐标关系。所以，不管你从什么地方出发，只要找到终点和出发点的坐标关系，你就一定能找到想去的地方。只要在知道新、老坐标系统的相对位置的情况下，经过简单的运算后，你就能通过老坐标找到新坐标。这就是坐标变换的过程。需要说明的是，除用距离表示坐标外，用角度有时也会很便利。

假如你身处纽约，就可以用大路和街道表示坐标了，这种坐标是直角坐标；但如果你在莫斯科，那么就要用到极坐标了，因为莫斯科是围着克里姆林宫的中心城堡向外扩建的。很多街道以中心城堡为出发点向四周辐射，同时又有很多环形街道以中心城堡为圆心进行环绕。在这种情况下，对方告诉你要去的地方在克里姆林宫东北方向第二十条街道上，你会很快找到的。

图12是几种用三个坐标表示空间中某一点所在位置的方法，虽然这些坐标既有距离也有角度，但都只需要三个数，因为这里探讨的问题都是被限定在

三维空间内的。

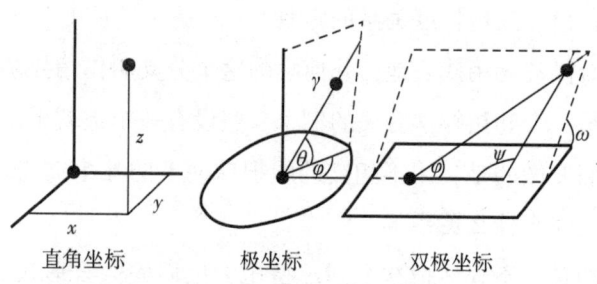

直角坐标　　　极坐标　　　双极坐标

图 12

我们都对三维空间有一些了解，因此想象低维空间比较容易，但要想象高维空间就比较困难了。平面、球面等所有的面都属于二维空间，只要用两个数就可以描述上面的点。同理，任何线（不管是直线还是曲线）都是一维的，只要用一个数就可以描述上面的点。此外，由于在点上只有一个位置，所以可以说点是一维的，但研究一维的点是不能引起人们兴趣的。

人类是一种三维生物，能站在"局外人"的角度观察二维的线和面，所以理解它们的性质显得很容易。也是因为这个原因，我们作为三维空间的一部分，对三维空间的理解会面临诸多不便。所以我们理解曲面和曲线的概念比较容易，但是对弯曲的三维空间感到非常惊讶。

其实三维空间并没有你想象得那么难以理解，如果你对"曲率"这个词有一定的认识，你就会改变原来的想法。我们希望你通过认真阅读本书，能在下一章结束时理解一个更加复杂甚至可怕的概念——弯曲的四维空间。

在这之前，我们先来说一下和一维曲线、二维曲面、普通三维空间有关的知识。

二、不量尺寸的几何学

你可能对几何学[①]已经有了一些了解，这门科学的研究任务是空间量度，

[①] "几何学"这个词来自希腊语，由 ge（地球或地面）和 metrein（测量）组成。显然，希腊人在创造这个词的时候，其目的是为了便于进行生产。

里面有很多和长度、角度有关的各种数值关系定理（比如毕达哥拉斯定理，这是描述直角三角形三边长度关系的定理）。但是测量长度和角度的方法在研究空间性质的时候却无用武之地，几何学的这个分支叫作拓扑学[①]。

我们可以举一个和拓扑学有关的例子。假设有一个被若干条线分成许多区域的球面，我们要做的是，用不相交的线把球面上的几个点连在一起。那么，区域、线和点之间有什么关系呢？

可以肯定的是，不管你把这个圆球挤压、拉伸成什么形状，球面上区域、线和点的数量始终是保持不变的。实际上我们可以把这个球像挤压、拉伸一个气球（当然气球不能破）那样变成任意形状的闭曲面。同样，球面上的那些元素始终不变。但是如果在一般几何学里，正方体变成平行六面体，或者球体被压扁，如线的长度、面积、体积等数值都会随之改变。这就是两种几何学的重要区别之一。

现在我们按照刚才划分的区域把球体展平，就会得到如图13那样的多面体。原来的点变成了顶点，线变成了棱。我们的问题也会有所改变（但这个改变并不是本质上的改变）：在一个多面体上，顶点、棱和面之间的数量关系是怎样的？

图14是5种正多面体（其性质是每个面的棱和顶点的数量相等）和一个不规则的多面体。

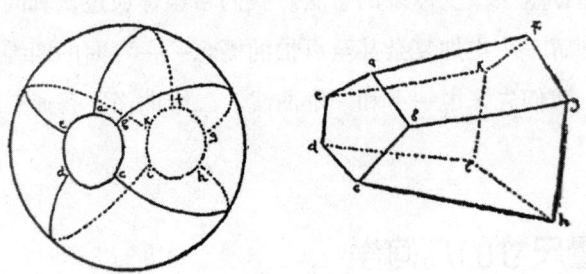

图13　划分成若干区域的球面被拉成一个多面体

[①] 这个词在拉丁文和希腊文中都有定位研究的意思。

第三章 空间的不寻常的性质

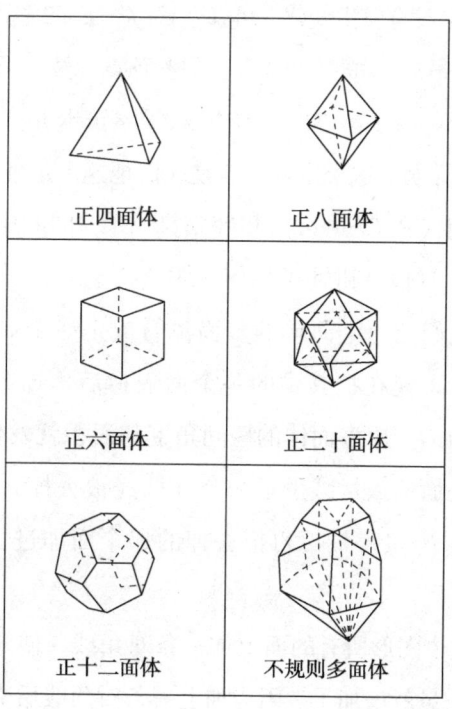

图14　5种正多面体和一个不规则的多面体

通过观察，我们可以看出这些几何体上顶点数、棱数和面数的关系如下表所示：

多面体名称	顶点数 V	棱数 E	面数 F	$V+F$	$E+2$
四面体	4	6	4	8	8
六面体	8	12	6	14	14
八面体	6	12	8	14	14
二十面体	12	30	20	32	32
十二面体	20	30	12	32	32
"古怪体"	21	45	26	47	47

仔细观察前三栏数字我们会发现，顶点数加上面数等于棱数加2。它们之间的关系如下：

$V+F=E+2$。

所有多面体都符合这个式子吗？你可以再画几个多面体，然后数一下。这时你会惊讶地发现，结果没有发生变化。可知，$V+F=E+2$ 这个定理是普遍适用的，因为这个定理和棱的长短、面的大小无关，只和顶点、棱、面的数量有关。

首先注意到这个关系的是 17 世纪法国数学家笛卡儿（René Descartes），后来另一位数学家欧拉证明了这个定理，于是人们把这个定理叫作"欧拉定理"。

下面是引自库朗（R. Courant）和罗宾斯（H. Robbins）的著作《数学是什么?》[①] 的一段话，这段话讲述了如何证明欧拉定理。

为方便起见，我们把一个简单的多面体看成是一个如图 15 a 那样的用橡皮薄膜做成的中空体。现在把其中的一个面去掉后再摊开，就会得到图 15 b 那样的平面。这样的话，原多面体的棱间角度和面积就发生了变化。但顶点数和边数没有变，只是面的数量减少了一个（已经被去掉）。我们需要证明，在这个平面里，$V-E+F=1$。最后再把去掉的那个面加进去，原来那个多面体就是 $V-E+F=2$。

首先，我们在这个图形所有的面上加一条对角线，使之变成若干个三角形。这样一来 E 和 F 的数量就增加了。因为加上一条对角线后 E 和 F 都随之增加 1，所以 $V-E+F$ 不会发生变化。加到最后，就会得到图 15 c。原来的图形被三角形化了，但由于添加的是对角线，所以 $V-E+F$ 的数值和原来相比没有变化。

这些三角形所处的位置不同，有的位于边缘，有的位于中央。在一些三角形中（如△ABC），位于边缘的边数只有一条；另一些三角形（如中央的三角形）中，位于边缘的边数有两条。去掉这些边缘三角形的不属于其他三角形的边、顶点和面后就得到图 15 d。在△ABC 中，去掉 AC 边和这个三角形的面，留下的是顶点 A，B，C 和两条边 AB，BC；在△DEF 中，去掉的是平面、边 DF，FG 和顶点 F。

按照△ABC 那种去除方法，V 不变，E 和 F 都减少 1，所以 $V-E+F$ 不变。按照△DEF 那种去除方法，式的去法中，V 减少 1，E 减少 2，F 减少 1，所以 $V-E+F$ 也不变。把这些边缘三角形按照特定的方法去掉后，最后只剩余 1 个三角形。三角形边、顶点和面的数量分别是 3，3，1。在这个简单的网

[①] 有兴趣的话可以去看一下《数学是什么?》（What is Mathematics?）这本书。

络里，$V-E+F=3-3+1=1$。由于三角形的减少并不会使 $V-E+F$ 发生变化，所以在最初的网络中，$V-E+F$ 的结果也是 1。不要忘了，最初的网络是多面体去掉一个面形成的。所以，在原来的多面体里是这样的：$V-E+F=2$。欧拉的公式就这样被证明出来了。

通过欧拉公式我们还可以得出一个有趣的结论：只可能有图 14 所示的 5 种正多面体。

不知道你是否注意到这样一个问题，前面提到的那些多面体以及在证明欧拉定理的时候，我们用了这样一个假设：所有的假设都没有透眼。这里所说的"透眼"并不是气球漏了一块，而是像轮胎或面包圈中间真正通透的那个窟窿。只要看看图 16 就知道了。

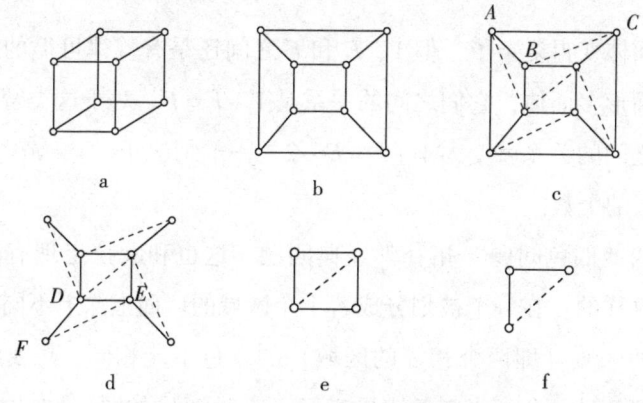

图 15 证明欧拉定理使用到的各种图形

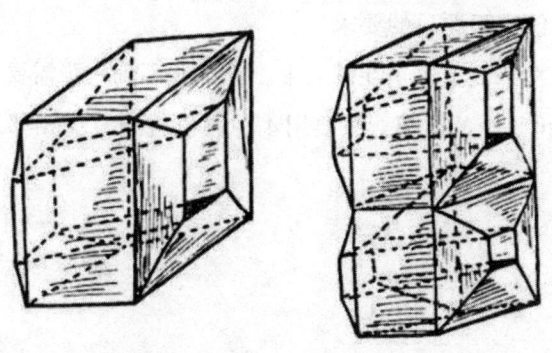

图 16 有透眼的立方体（它们的形状并不重要）

欧拉定理同样适用于这两个新的多面体吗？通过观察可知，第一个多面体上分别有16个顶点、32条棱和16个面，即$V+F=32$，$E+2=34$。第二个多面体上分别有28个顶点、46条棱和30个面，即$V+F=58$，$E+2=48$。显然是错误的。

为什么会出现这种结果呢？是什么地方出错了呢？

错误在于：之前我们把假设出来的多面体设为气球的形状，而上面这两个新多面体看起来像是轮胎。也就是说，问题变得更复杂了。上述证明使用到的那个方法，即"将其割去一个面，使之能摊开变成一个平面"无法用在这里。

因为我们可以很容易用一个球做到这些步骤，但要是用一个轮胎，是不会成功的。如果看了图16你还是不相信，那么你就不妨找来一个旧轮胎亲自实践一下。

虽然多面体变得复杂了，但V，E和F之间还是有规律可循的。对于这类环状圆纹曲面形多面体，它们之间的关系是$V+F=E$。对于这类蜜麻花形的多面体，它们之间的关系就变为$V+F=E-2$。一般情况下，$V+F=E+2-2N$，N指的是透眼的个数。

有一个叫"四色问题"拓扑学经典问题，这也和欧拉定理有着很大的关系。问题是这样的：在一个被划分成若干个区域的球面上涂上不同的颜色，但有共同边界的区域（即两个相邻的区域）的颜色不能相同。想要满足这样的要求至少需要几种颜色？当三条边界交于一点时（比如图17左边，这是美国的弗吉尼亚州、西弗吉尼亚州和马里兰州的地图），就需要三种颜色。所以，两种颜色明显不能满足题目的要求。

然而无论是在平面上还是在球面上，你都找不到一张需要4种以上颜色的地图①。所以，再复杂的地图，只要用4种颜色就能避免相邻地区颜色一样的情况。

---

① 无论在球面上还是平面上其实都是一样的。在球面上画好之后，在一种颜色的地区打开一个洞，球面就可以摊开变成平面，这里也是典型的拓扑学变换的应用。

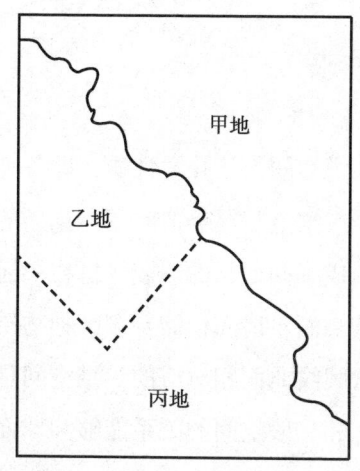

图 17　地图

这是一个令人深信不疑的说法，但数学家们还没能从数学上证明它的准确性。有很多数学问题就是这样，即使没有被证明出来，但也没有人怀疑。到目前为止，人们只能证明至少需要 5 种颜色。这是数学家们把欧拉定理应用在国家数、边界数和几个相邻国家有三重、四重等交点数得出的结论。

由于证明过程和我们要说的没有太大关系，并且证明过程非常复杂，所以就不再详细说明了。如果你感兴趣，可以去看一看其他关于拓扑学的书。若是有人把这个问题向前推进一步，即证明出只需要 4 种颜色，或者画出一幅不止需要 4 种颜色的地图，那么他一定会被永远地写在纯粹数学的年鉴上[①]。

虽然球面和平面是比较简单的图形，但这个涂上颜色的问题却很难证明出来。令人觉得好笑的是，在那些像面包圈和蜜麻花一样的图形中，这个问题很顺利地被证明出来。结论是这样的：在这类图形里，想让相邻区域的颜色不同，需要的颜色至少是 7 种。而且，有人把这样的实例做出来了。

有兴趣的话可以再做一个实验，看怎样才能用 7 种颜色涂到一个轮胎上，并且做到每一种颜色的漆块都和其他 6 种颜色漆块相邻。这点做到后，你就会对面包圈形曲面更加了解了。

---

① 20 世纪 70 年代，在计算机的帮助下，人们终于解决了这个问题。——编译者注

三、把空间翻过来

上面我们讨论的是二维空间的拓扑学性质，即各种曲面。同理，我们也可以针对我们所生活的这个三维空间提类似问题。这样的话，给地图涂色的问题就是：把用不同的物质制成不同形状的镶嵌体拼在一起，要求两块同一种物质制成的子块没有共同的接触面，请问，需要多少种物质才能满足要求？

和二维的球面或环状圆纹曲面相对应的三维空间是什么样的？是否可以假设出某个特殊空间，使之和一般空间的关系能够和球面或环状面与一般平面的关系一样？从表面上来看，这个问题毫无道理。因为虽然想象曲面对我们来说很容易，但我们却习惯性地认为三维空间只是我们身处的这个物理空间。可是，这是具有欺骗性甚至是危险的。这就需要我们发挥一下想象力，想象出和欧几里得几何教科书中所说的三维空间。

这是有一定的困难的，因为我们每天就生活在三维空间里，我们观察它的角度只能是从内部观察，而观察曲面时的角度是从外部去观察。想要克服这些困难也很容易，只要我们稍微动一下脑筋就可以了。具体做法如下。

第一步是建立一个三维空间的模型，其性质与球面类似。球面有如下性质：有表面积但没有边界，是封闭的、弯曲的。是否有一个没有明显界面但有体积的三维空间呢？

想象两个像苹果一样的球体，它们都被限定在自己的球形表面内，接下来再想象它们"穿过对方"并且沿外表面粘在一起。我的意思不是指两个真实的物体（如苹果）相互穿过并且连在一起。因为就算把这两个物体挤碎，它们也不会互相穿过。

或者我们可以这样想：一黑一白两只虫子在苹果里吃出弯弯曲曲的隧道，但这两只虫子吃出的隧道并没有在苹果内部连通，虽然它们钻进苹果里的洞口可能是挨在一起的。随着时间的推移，苹果内部就会出现如图18那样的情况。虽然这些隧道距离很近，甚至一只虫子只要稍微一用力就能进入另一只虫子吃出的隧道里，但是只有来到苹果表面才能进入。这样，隧道的数目逐渐增多，在苹果里就会出现两个独立并且互相交错的空间，它们相连的地方只在苹果的表面。

图 18

你也可以想象另外一个例子，那就是一些球形建筑里的双过道双楼梯系统。假设所有的楼道系统都盘过整个建筑，但要不来到球形建筑外的两套楼道汇合处再重新进入，你就无法走到一套楼道的一个地点。尽管这两个球体互相交错，但它们是不相妨碍的。虽然你跟你的朋友所在咫尺，但要真正碰到他却要费一番周折了。需要注意的是，因为你可以把整个结构进行变形，使楼道内外的点交换位置，所以可以认为球内的各点和两套楼道系统的连接点没有什么区别。还要注意的是，虽然两条隧道的长度不变，但你可以在里面自由行走，并不用担心会碰壁。在走了足够的距离后，你还会来到最初的出发点。若是以"局外人"的角度来看这个结构，你就可以认为能回到出发点的原因是楼道逐渐弯曲成球形。然而如果你身处内部，并且对外部一无所知，这个空间对于你来说就是一个只知道大小却不知道边界在哪里的地方。这种空间并非无限，没有明显边界，在讨论宇宙的性质时经常能用到。据天文学家观测，在望远镜能看到的最远的地方，宇宙好像在那里变得弯曲，并且好像要折返回来形成一个封闭的空间。这是令人兴奋的问题，在对它们进行研究之前，我们先熟悉一下空间的别的性质。

接下来我们继续讨论被两个虫子吃的苹果。思考这样的问题：是否可以把被虫子吃的苹果变成一个面包圈呢？这里的变化当然不是指味道，而是形状。不知道你是否还记得前面说的"穿过对方"的那两个苹果。现在一个苹果被一只虫子吃出了一条如图19所示的环形隧道。由于只是在一个苹果里，所以隧道外的所有点都具有双重性质，即同时属于两个苹果，但在隧道内部只有没有被虫子吃过的苹果的物质。如图19a所示，现在这个"双苹果"有了一个用隧道组成的自由表面。

假设苹果可以变成各种形状，在苹果不发生裂口的前提下，是否能把被虫子吃的苹果变成面包圈呢？在变形之前要把苹果切开，变形结束后还要粘上。

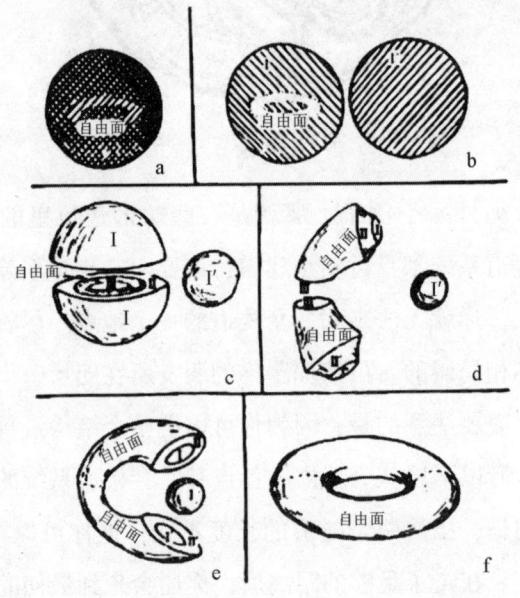

图19 把一个被虫子吃的双苹果变成一个面包圈的过程

如图19 b，先把连接"双苹果"的果皮去掉。为方便记忆，我们把这两部分分别命名为Ⅰ和Ⅰ'，最后还是要把它们再次粘起来的。如图19 c，把被虫子吃过的苹果沿着隧道切开，这下又有两个面，我们用Ⅱ、Ⅱ'和Ⅲ、Ⅲ'来区分它们，最终它们同样是要被粘回去的。这样，隧道的自由面出现了，它应该变成面包圈的自由面。然后如图19 d所示，对这些碎片进行处理。现在，由于这是一个可以自由变形的物质，我们才能把自由面拉伸成很大一块。同时，切开的面Ⅰ、Ⅱ、Ⅲ都比原来小了很多。与此同时，我们要把第二个苹果

第三章 空间的不寻常的性质

进行一番处理,使其变成樱桃大小。下面的工作就是往回粘了。首先粘上Ⅲ和Ⅲ′,这不是什么难事,图 19 e 所示就是粘上之后的样子。其次是在第一个苹果的两个夹口中间放上第二个被缩小的苹果。夹口合拢后,球面Ⅰ就和Ⅰ′粘在一起了,同时面Ⅱ和Ⅱ′也重新结合起来。最后,一个精致的面包圈就出现在我们面前了。

虽然做这些事情并不会有什么实际意义,但能让你的脑子得到锻炼,这是体会想象的几何学最好的方法。通过这个实验,你对弯曲空间和自我封闭空间也会有进一步的理解。

要是你觉得这还不够,我们还有一个上述现象在实际生活中的应用。也许你并不知道,你身体的形状和面包圈很像。不管是什么生命体,在其刚刚形成胚胎的时候,必然经过一个名为"胚囊"的过程。在这个过程里,它是一个中间有一条通道的球形。通道的一端供食物进入,这些食物的养分被吸收后,废物从通道的另一端排出。进入发育成熟的阶段后,这条通道比原来更细也更加复杂,但其主要性质并没有发生变化。

现在你应该知道自己也是一个面包圈了,所以请你试着按照图 19 所示相反的步骤,在头脑里把你的身体变回有一条通道的"双苹果"。这时你会惊讶地发现,你体内互相交错的部分组成了这个"双苹果"的果体,日月星辰等宇宙间所有的东西都被这个圆形隧道包括进去了!

你也可以试着画一幅这样的画,看看能画成什么样。如果你画得好,那么画家达利(Salvador Dali)[①]也会认为你是超现实主义风格画家中的佼佼者了(图 20)!

到现在为止,我们还是不能把这长长的一节结束。接下来我们要关注的是左手系和右手系物体,并进一步研究它们和空间的一般性质有什么关系。为方便起见,我们以一副手套作为引子。仔细看一下图 21 中的两只手套,它们是一副的,虽然它们大小一样,但还是有很大不同:不能把右手的戴到左手上,当然也不能把左手的戴到右手上。不管你用什么方法去使它们发生形变,左右

---

① 达利,西班牙超现实主义派画家。——编译者注

手终究是左右手。此外，左手系和右手系的区别还表现在很多方面，如鞋子的形状、（美国的和英国的）汽车的操纵系统①、高尔夫球棒等。

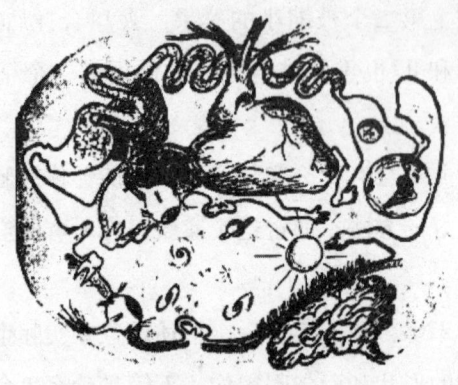

图20　翻过来的宇宙。运用图19的方法进行拓扑学变换，就可以得到这样一幅图。图中画的是一个地球人抬头仰望星空，而宇宙中所有天体都被人体器官包围了

图21　右手系和左手系的物体。虽然看起来相似，但是又有很大的区别。它们看起来非常相像，但是极为不同

同时还有很多不存在这种差别的物体，如帽子、球拍等。没听说过某人会去商店里买只能适合左手拿的杯子，也没人去你家借一把只能适合右手用的扳

---

① 英国和美国的交通规则不同，前者汽车要靠左侧行驶，后者汽车要靠右侧行驶。所以在两国的汽车里，司机的座位是相反的。前者的司机座位在右侧，后者在左侧。

手。这两类物体的区别之处在哪里呢？仔细思考后我们发现，帽子、杯子等物体都能沿着对称面分成相等的两部分，而手套和鞋子就没有这个特点。不信的话你可以试试，看看能否把一只手套分成两部分，并且这两部分是相同的。这些不能沿着对称面分成相同两部分的物体是非对称的，我们就可以进一步将其分为左手系与右手系两类。不只是人工制造出来的物品，在大自然里也存在着左手系与右手系的差别。比如有这样两种蜗牛，虽然它们看起来几乎是一模一样的，但二者身上的硬壳却有明显的不同：一种壳上的花纹是逆时针的螺旋形，另一种壳上的花纹是顺时针的螺旋形。微观世界里也存在着这种现象，尽管我们用肉眼看不见分子，但这种不对称的特点能够显示在分子构成的物质的光学性质和结晶形状上。比如糖类就有左旋糖（果糖）和右旋糖（葡萄糖）的区别；还有两种吃糖的细菌，每种只会吃同一类型的糖。

看了上面的内容，你可能会觉得左手系和右手系的物体之间是无法转换的，然而事实果真如此吗？能否设定一个奇特的空间，在这个空间里实现二者之间的转化呢？假设我们是一个生活在平面上的扁片人，我们要站在他的角度思考问题。只有这样，我们才会站在相对优越的三维的位置思考不同的方面。如图22所示，这是一个扁片世界——两维空间——里的有代表性的人或物。由于手里拿着葡萄的这个人物没有侧面只有正面，所以我们把他称为"正面人"。同理，画面左侧那头驴子可以称为"侧面驴"，再详细一点说，这是一头"右侧面驴"。当然，"左侧面驴"也是可以画出来的。这个面把两头驴限制其中，以二维的视角来看，两头驴的不同和三维空间里两只手套的不同一样。我们无法让左、右两头驴的头叠在一起，如果非要这么做，那么其中一头驴就要四脚朝天了。

这就是生活在曲面上的二维"扁片生物"，这类生物看起来很荒谬。"正面人"没有侧面，所以他吃不到手里拿的那串葡萄。"侧面驴"想要吃葡萄的话却很方便，但它前进的方向只能是右。想向左走也可以，只是它需要退着走而已。

要是把上面的驴子拿下来，然后在三维空间中反转一下，它们就会一样了。同理，如果把一只左手的手套从三维空间放入四维空间进行适当的旋转，那么它也会变成一只右手的手套了。然而我们生活的空间里并不存在第四维，所以这种方法是行不通的。是否有别的办法呢？

图 22

下面还要回到二维空间中，这次需要把图 22 所示的平面转换为牟比乌斯（Möbius）蒂。"牟比乌斯"是一种曲面的名字，它以第一个研究者的名字来命名。做出这种面很容易，只需要把一张长条纸扭个弯后把两侧粘在一起，变成一个环。如果你还是不明白，那么你可以看一下图 23。这个环有很多特点，用剪刀沿着纸条中间的那条线按照箭头所示的方向剪一圈，你可能会认为，最后不是把这个环分成两个一样大的环了吗？实际情况和你想的不同，只要动手剪一下你就会发现，得到的只有一个环，并且这个环的长度是原来的 2 倍，宽度则变为原来的 1/2 了。

如果一头侧面驴在牟比乌斯蒂上走一圈会出现什么现象呢？现在它在图 23 上从位置 1 开始沿着箭头出发，走过位置 2 和位置 3 之后，又继续向起点前进。但这时奇怪的事情出现了——它的身子居然倒过来了。当然，如果它这时想让蹄子着地，那么它头部的方向就会和原来相反了。

总之一句话，"左侧面驴"沿牟比乌斯蒂走一圈后就变成了"右侧面驴"。需要注意的是，在这个过程中驴子始终在面上，并没有被拿下来旋转。所以我们知道了，左、右手系物体放到扭曲面上后，它们的方向可以在扭曲处发生变化。图 23 右侧的物体叫作"克莱茵瓶"，只是它一般特征的一部分。克莱茵瓶没有明显的边界并且自我封闭，它的面只有一个。二维空间如果能出现这种面，那么其也会在三维空间中出现，只是需要空间有一个适当的扭曲罢了。很难想象空间中的牟比乌斯扭曲。我们可以从自己的空间里观察"侧面驴"，但不能从别的空间里观察自己所处的空间。但是天文空间并不是自我封闭的，而是存在着一个牟比乌斯扭曲的。

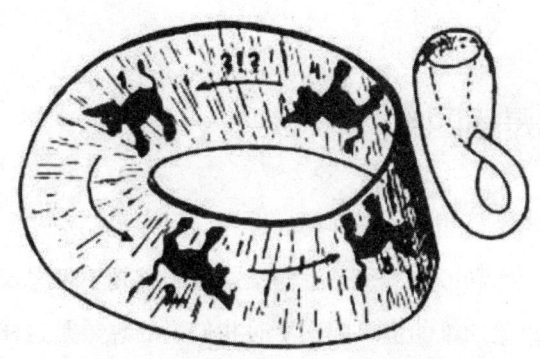

图23　左侧为牟比乌斯蒂，右侧为克莱茵瓶

假如这是事实，那么你环游宇宙之后就会拿着一颗心脏返回地球。手套和鞋子的制造也会变得简单，因为只需要造出同一侧的产品就可以了，然后把其中的一半数量的产品送进宇宙飞船，让它们沿着宇宙绕行一圈，回来后就变成相反的一边了。

用这个神奇的想象来结束我们对不寻常空间的不寻常性质的讨论是最好不过的了。

第四章　四维世界

一、时间是第四维

很多人觉得四维空间是一个神秘的世界,因为我们这些生活在三维空间的生物只有长度、宽度和厚度,想了解四维空间简直是不可思议。我们怎样才能用三维的思维去想象四维的世界呢?平时我们说的想象是这样的:当我们想象一条龙或者一架巨大的飞机时,这些东西就像真的在我们面前一样,但这些景象出现的背景仍然是在我们生活的三维空间里。如果这种想象就是"想象"这个词的全部,那么我们的头脑终究不会想象出四维物体是怎样投射到三维空间里的,这个道理跟我们不能把三维物体压进平面是一样的。但有时候我们还是能把三维物体画在平面上的,这大概也可以算把这个三维物体压进平面了。当然这里说的压进去并不是用一些机器实现,而是用"几何投影"的方法来实现的。如图24,这就是两种方法的区别。

图24　左图是错误的方法,右图是正确的方法

虽然用这种方法不能把四维物体完全压缩进三维空间，但它在三维空间里的"投影"还是可以用来研究的。需要注意的是，正如三维物体投射在平面上的影像是二维图形一样，四维物体投射在三维空间上的影像是立体图形。

让我们先进行一次必要的思考，以便更好地理解当前的问题，即如果我们是生活在二维空间里的扁片人，那么我们要怎样才能理解三维立方体呢？作为生活在三维空间里的生物，我们观察二维空间是有优势的，因为我们可以从二维空间的上方来看这个世界。图 25 展示的是在平面里压缩进一个立方的最好的也是唯一的办法，把立方体进行旋转，得到的投影也会发生变化。通过观察，二维的扁片人就会对这个神秘的"三维立方体"图形的性质形成一些概念。他们只能在自己所在的那个面观看立方体的投影，即便如此，他们也能看出这个立方体的顶点数是 8 个、边数是 12 条。通过观察图 26 你会觉得，你遇到的困难和那些在平面上观察立方体投影的扁片人是一样的了。在这幅图里，3 个人看到的奇怪的东西是一个四维超正方体投射在我们生活的这个三维空间里的投影①。

图 25 二维扁片人看到的是三维立方体在平面世界上的投影

如果仔细观察，你会得出一个结论：这个物体和图 25 中扁片人看到的图形很像。它们也有着一样的特征：三维立方体投射在二维平面上的影子是一个正方形套着另一个正方形，相同位置的顶点连在一起；四维的超正方体投射在

---

① 更确切地说是在纸面上的投影。

三维空间里的影子是一个立方体套着另一个立方体，相同位置的顶点也连在一起。这个超正方体共有16个顶点、24个面和32条棱。

图26　一个四维超正方体在三维空间里的正投影

如果这个四维物体是球形的，那么会出现什么情况呢？为方便起见，我们还是从一个相对熟悉的现象入手，即先观察一下圆球在平面上的投影是什么样的。如图27所示，这是标出海洋和陆地的透明球体投射到白墙上的情形。在这个影子里，两个半球是重叠的，北京和纽约这两个城市在这里变得很近了，当然它们实际上距离很远。在这幅投影上，任意一个点都代表地球上相对的两个点。所以，想要在这幅图上从北京飞往纽约，就必须要先飞到投影的边缘后再退回来。不要担心飞在这条航线上的两架飞机会相撞，因为它们是在两个半球上飞行的。

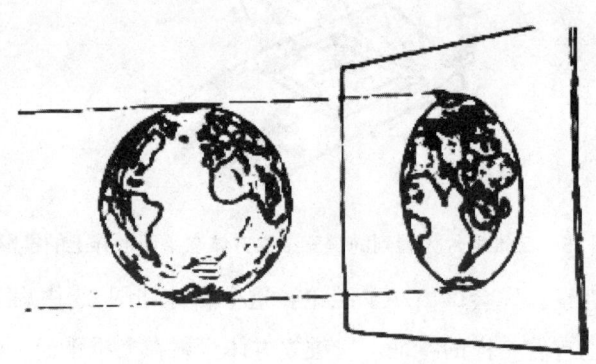

图27　圆球在平面上的投影

上面说的是普通球体，如果继续发挥想象力，就会想出四维超球体的三维投影是什么样的了。如图27所示，普通球体在平面上的投影是重叠在一起、外面的圆周相连接的两个圆盘。因此，四维超球体在三维空间的投影一定是互相穿过、外表面连接的两个球体。虽然我们已经在上一章说过这种特殊结构，但目的是找到一个能说明和封闭球面相类似的三维封闭空间的例子。所以需要补充一点：四维球体投射到三维空间的影子可以看作前面说到的沿表皮长在一起的两个苹果。

虽然运用类比的方法能有助于理解四维空间的很多性质，但不管怎样，我们在生活的这个空间里是无法想象出第四个独立的方向的。尽管如此，只要进一步思考就会发现，没必要认为这第四个方向是不可捉摸的。我们在日常生活中会经常用到一个词，这个词不仅可以用来表示，而且事实上就是物理世界里的第四个独立方向，这个词就是"时间"。我们常常用时间和空间来描述一件事情，不管是身边发生的事（如和朋友见面），还是在遥远的外太空发生的事（如星体爆炸）。我们在描述这些事的时候，只说发生的地点是不够的，还要加上发生的时间。所以，时间是表示空间位置的三个方向要素的重要补充。

你可能在思考的基础上有了进一步的认识，意识到所有的物体都是四维的：一维是时间，其他三维是空间。比如你住的房子，它可以在时间和空间（如长宽和高）上延展。这里的时间延展可以从房子被盖好时算起，直到最终被废弃。

是的，时间和其他三维有很大区别。空间的距离可以用尺子等测量出来，时间只能用钟表等来衡量。此外，你可以按照上下左右等不同的方向在空间里自由地行走，在时间里你只能向前走向未来，而不能回到过去。虽然它们有这么多不同的地方，我们还是把时间看成物理世界里的第四个方向要素。

为方便起见，在采用时间作为第四维时，我们用本章最开始用到的描绘四维形体的方法比较合适。你可以回过头看看那个超正方体的投影，它有16个顶点、24个面和32条棱！这么奇怪的造型，难怪插图里的人们看起来是那么震惊了。

如果从这个新观点开始思考，四维正方体可以被认为是由一个经过了一段时间的普通立方体变成的。假设你在某天（如5月7日）用12根铁丝拧出一个立方体，过了一个月再拆掉。这样，所有顶点都可以视为沿时间方向延长了一个月的一条线。为更清楚地表示时间的前进，可以在所有顶点上挂一本日历。

如图28所示，我们可以很快数出四维形体的棱数。最初是12条空间棱，一个月后还有12条①，此外，还有8条"时间棱"用来表示所有顶点存在了多长时间。同理，它在5月7日有8个空间顶点，6月7日也有8个，所以顶点的数目是16个。你也可以用这个方法数一数它有多少个面，需要注意的是，这些面有的是普通正方形面，还有一些面是在这一个月的时间里形成的"半空间半时间"面。

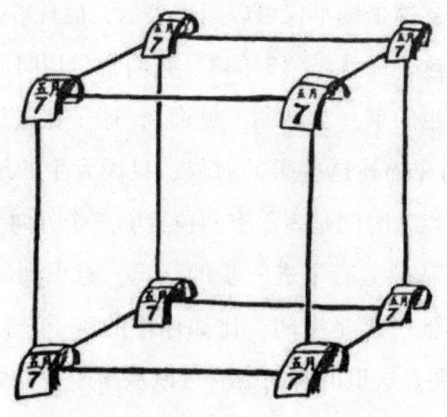

图28

这些原则也可以灵活用到其他物体或几何体上。

说得再详细一点，你可以想象自己是一个四维空间体，这里的时间就是从你出生那天开始，一直到你死亡的时候。非常可惜，我们无法把四维的物体画在纸上。正因如此，我们才会像图29那样用二维扁片人来表现这种想法。这里，我们选取的时间方向垂直于扁片人所处的二维平面。图中标示出的只是这个扁片人整个生命过程中的一部分而已，如果想表现出他的整个生命过程，就需要借助一根很长的橡胶棒了：表示婴儿时期的一段很细，随着时间的推移不断变化，直到去世才会固定不变，然后慢慢地分解开来。

---

① 不明白也不要紧，可以假设一个有4个顶点和4条边的正方形，将其按照第三个方向（即和四条边垂直的方向）移动，当移动到1条边长度的距离后，就会多出4条边。

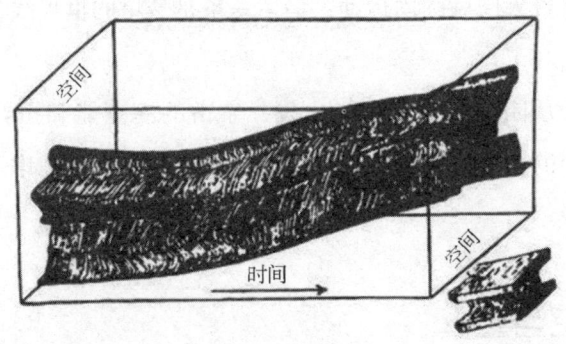

图 29

我们也可以认为这个四维棒由很多根纤维组成，每一根纤维是一个独立的原子。大多数纤维在生命的过程中会聚集在一起，少数纤维会离开主体，这是因为我们要理发或剪指甲。由于原子不会被消灭，所以人去世后的尸体分解也可以看成纤维丝向不同的方向散开。

在四维时空几何学里，人们用"世界线"（或时空线）来给表示每个单独物质微粒历史的线命名。很多"世界线"组合在一起成为"世界束"，"世界束"可以组成一个物体。

如图 30 所示，这幅图就是用世界线①来表示太阳、地球和彗星的。和我们举过的例子一样，图中时间轴和表示地球轨道平面的二维平面互相垂直。与时间轴平行的直线是太阳的世界线，因为太阳的位置是不变的②；围着太阳的世界线螺旋上升的曲线是地球的世界

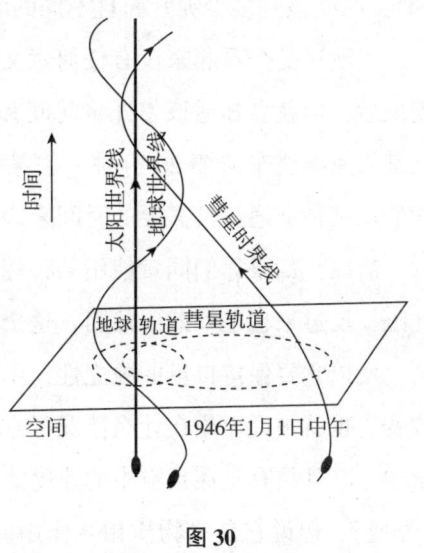

图 30

---

① 本书作者在去世前写了一部自传体性质的书——《我的世界线》，在书里他创造并且定义了"世界线"这个名词。——编译者注
② 实际上太阳也是处在运动之中的，所以，要是我们以星座作为参照物，那么太阳的世界线将会是倾斜的。

线，因为地球绕着太阳做圆周运动；最后一条是彗星的世界线，它在靠近太阳的世界线后又离开了。

由此可知，从四维时空几何学出发，宇宙的演变能和拓扑图形融合在一起。当研究单独的原子、动物或恒星的运动时，我们只需考虑一束纠结的世界线即可。

二、时空当量

当我们认为时间是和三维空间等效的第四维时，一个难题就会出现在我们面前：三维里的长、宽、高可以用米或者厘米等单位统一衡量，时间却无法用这些单位来衡量，表示时间的单位是小时、分钟等。该怎样比较时间和空间呢？例如在一个四维正方体中，三个空间长度都是1英尺（1英尺≈30.48厘米），时间该是多少呢？而且不同的时间单位和1英尺比起来谁大谁小呢？

虽然这是个看起来没有任何意义的问题，但你回想一下日常生活中的一些现象后，你就会知道该怎样将时间和空间进行比较了。你是否听见类似的话：到某人家乘汽车需要20分钟，去某城市需要乘3小时飞机等。在这些话中，我们用某种交通工具需要的时间来表示两地之间的距离。

所以，如果你们同意使用某种标准速度，我们就可以用长度单位表示时间间隔，反过来也是如此。然而，这个标准速度是用来衡量时空的基本变换因子的，所以它要保持自己的独立性，不会随着客观环境和人类主观意识的变化而改变，也就是说无论在什么情况下它都要保持不变。有这样的速度吗？在物理学中，有且只有光在真空中的速度能满足这一要求。虽然我们把这个速度称为"光速"，但说它是"物质相互作用的传播速度"更合适，因为包括万有引力和电的吸引力在内，任何物体之间的作用力在真空中都有相同的传播速度。此外，一切物质运动速度的最大值就是光速，这点我们以后还会看到。

17世纪的意大利物理学家伽利略（Galileo Galilei）是第一个进行光速测

定实验的人。在一个漆黑的夜晚,他和助手带着两盏有遮光板的灯来到佛罗伦萨①郊外,他们之间隔着几英里(1 英里≈1609.34 千米)。如图 31 a 所示,在一个特定的时刻,伽利略撤掉遮光板,让灯光射向助手的方向,看到信号的助手立刻把自己手里那盏灯上的遮光板撤掉。光从伽利略所在的地方到达助手所在的地方再返回来需要一定的时间,所以,伽利略从撤掉遮光板再到看到助手的灯发光也需要一定的时间。事实上他也发现了这中间确实有一段小小的时间间隔,然而当两个人在相距更远的地方再做这个实验时,时间的间隔并没有明显增大。这是因为光的速度太快了,对于光线来说,那几英里的距离实在不算什么。那为什么会有时间间隔呢?这是因为助手撤去遮光板并不是在看见伽利略发出的信号后立刻进行的,现在我们所说的"反应迟误"指的就是这种情形。

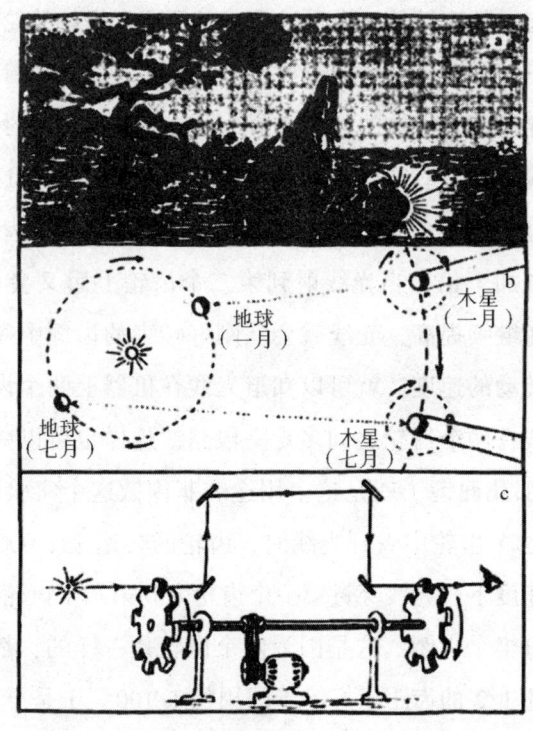

图 31

---

① 意大利的一座城市。——编译者注

虽然伽利略这项实验不算成功，但他的另外一项重要发现——木星的周围有卫星——为后来成功测出光的速度奠定了重要基础。1675 年的一天，丹麦天文学家雷默（Olaus Roemer）正在观察木星卫星的蚀，他发现随着地球和木星之间的距离在各次卫星蚀时的不同而变化，这时木星卫星隐藏在木星阴影里的时间间隔也在不断变化。雷默马上就明白了，之所以会这样并不是因为木星的卫星运动得不规则，而是因为随着地球和木星距离的不断变化，卫星蚀传播的时间也会不断变化。通过观察图 31 b，你也会看出来。经过计算，他算出光在真空中的传播速度大约是 185 000 英里/秒。在这样的速度下，光线在伽利略和助手之间往返一次只需要十万分之几秒，难怪他的实验没有成功。

随着科技的进步，更先进的仪器出现了。如图 31 c 所示，这是法国物理学家菲佐（Fizeau）用来在短距离内测量光速的仪器。这台仪器上有两个齿轮，从连接两个齿轮的连轴的一端看过去，对面那个齿轮的轮齿和我们眼前的这个齿轮的齿缝正好吻合。这意味着如果一道很细的光线平行于连轴射出，那么这束光是无法穿过两个齿轮的。当这两个齿轮飞快地转动时，从第一个齿轮的齿缝透过的光线需要一些时间才能射到第二个齿轮上。在这短暂的时间里，如果这台机器刚好转过半个齿，那么光线就可以透过第二个齿轮。现在让这台机器运行的速度增加 1 倍，当光线射到第二个齿轮上后又会被挡住而不能透过。把齿轮的转速继续提高，光线就会从刚好转来的齿缝中间透过去。因此，只要控制好齿轮转动的速度，就可以知道光线在机器上两个齿轮之间的速度。我们还可以让光线在两个齿轮之间多走一段路，这样也可以减少齿轮的转速。如图 31 c 所示，那几面镜子就是这个用途。菲佐做这个实验的时候，他发现从距离自己近的这个齿轮中看到光线时，齿轮的转速是 1 000 转/秒。也就是说当齿轮在这个速度下，光线穿过第一个齿轮来到第二个齿轮的时候，齿轮上所有的齿恰好转过半个齿距。这是因为两个齿轮是一样的，都正好有 50 个大小相等的齿，因此 1/2 的齿距正好等于圆周的 1/100。于是可知，齿轮旋转一周所用的时间除以 100 就是光线经过这段距离需要的时间。又通过一系列运算，菲佐得到的结果是光速大约为 186 000 英里/秒（约为 300 000 千米/秒）。

在他之后，又有很多人通过各种方法测量出了光的速度。现在经常用字母

c 表示光在真空中传播的速度，这个数值是 c = 186 300 英里/秒或 c = 299 776 千米/秒。

天文学常常会涉及很大的数字，例如两个星体之间的距离，如果用英里或千米来记录非常不方便。这时就要用到光速了，这就是我们所说的"光年"，即光在一年时间里走的距离。已知一年是 31 558 000 秒，1 光年就等于 31 558 000×299 776 = 5 879 000 000 000（英里）或 9 460 000 000 000（千米）。"光年"是一个表示距离的单位，在这里时间也变成了丈量空间的尺度。我们也可以把这个表示方法稍微改动，就会得到一个新的名词——"光英里"，即光线要走过 1 英里所用的时间。通过计算我们可以知道，1 光英里大约是 0.000 005 4 秒。同理可知，1 "光英尺"大约是 0.000 000 001 1 秒。之前我们说的那个和四维正方体有关的问题终于有了答案，如果那个正方体的长、宽、高三个空间尺度都是 1 英尺，那么时间就是 0.000 000 001 1 秒。这个边长是 1 英尺的正方体经过一个月的时间，此时我们应把它视为一根在时间上大大长于其他方向的四维棒了。

三、四维空间的距离

现在我们已经知道时间和空间的比较结果了，于是我们可以继续追问：在四维空间里，怎样理解两点间的距离呢？需要注意的是，所有点都是时间和空间的结合，这个点即"一个事件"。让我们看看图 32 中的两个事件，以便弄清这一点。

事件 1：1945 年 7 月 28 日上午 9 点 21 分，纽约市五十大街和五马路交叉口处一楼的一家银行被抢劫。

事件 2：同一天上午 9 点 36 分，一架飞机撞上了位于纽约市第三十四街和五、六马路之间的帝国大厦 79 楼。

上述两个事件时间上的间隔是 15 分钟，在空间上两者上下相距 78 层楼，东西相距半条街，南北相距 16 条街。显然我们可以不用街道编号和楼层高度表示空间这三个数据，因为我们可以用毕达哥拉斯定理求出。如图 32 右下角所示，把两个空间点的坐标距离的平方加在一起，然后再开方，得到的结果就是一个更加直接的数据。但在这之前要知道一些数据，并且这些数据的单位要统一。如果每层楼高12英尺、两条街道东西相距800英尺、南北相距200英尺，那么三个坐标距离是上下936英尺、东西400英尺、南北3 200英尺。根据毕达哥拉斯定理，两点距离是

$$\sqrt{3\,200^2+400^2+936^2}\approx\sqrt{11\,280\,000}\approx 3\,360\,（英尺）。$$

图32

已知这两点的空间距离是3 360英尺，如果把第四个坐标——时间（上述事件间隔的15分钟）加进来，我们就会得到一个能同时表示两件事情的四维距离数据。

爱因斯坦（Albert Einstein）认为，只要运用毕达哥拉斯定理，就可以得到四维时空的距离。与单独的时间间隔和空间距离起的作用相比，这个距离描述两个或几个事件的物理关系时所起的作用更为基本。

与用英尺表示楼房高度和街道间隔距离同理，我们也需要把所有数据的单位进行统一才能把时间和空间结合在一起。前面我们说过用光速作为媒介来表示距离的方法，进而可知15分钟的时间间隔等于800 000 000 000光英尺。接

下来再运用毕达哥拉斯定理，即用一个时间和三个空间的四个坐标距离定义四维距离，这时时间和空间就没有任何区别了，也就证明了时间和空间是能够相互转换的。

但不管是谁，都不可能像变魔术那样，把一根测量距离的尺子变成计量时间的闹钟（如图 33 所示），包括爱因斯坦在内。

图 33　虽然爱因斯坦做不到这个，但他能做的事比这个强

所以，我们要用一些特别的手段才能在毕达哥拉斯定理的帮助下把时空结合起来，使它们的一些本质区别得以保留。根据爱因斯坦的理论，在推广的毕达哥拉斯定理的数学表达式中，时间间隔和空间距离的物理区别可以通过在时间坐标的平方项前加负号的方式加以强调。于是，我们就可以用三个空间坐标的平方相加再减去时间坐标的平方再开方的方法表示两个事件的四维距离。当然，第一步要把时间坐标化为空间单位。

所以，银行被抢和飞机撞大楼之间的四维距离就应该是：

$$\sqrt{3200^2 + 400^2 + 936^2 - 800\,000\,000\,000^2}。$$

在这个式子中，根号内的前 3 项比第四项小了很多，因为我们计算的是日常生活中的事件。如果我们计算茫茫宇宙中发生的两件事，那么用到的数据就不会有这么大的差距了。例如在 1946 年 7 月 1 日上午 9 点整，有一颗原子弹在比基尼岛①上爆炸；10分钟后，一块陨石落到火星上。这两个事件之间的时间间隔是540 000 000 000光英尺，空间间隔是650 000 000 000英尺，两个数据的大小也差不多。

这两个事件间的四维距离是：

$$\sqrt{(65\times10^{10})^2 - (54\times10^{10})^2} \text{英尺} = 36\times10^{10}\text{英尺}。$$

可能会有人对这种看似不合理的几何学持反对意见，他会问：怎么不对四个坐标用同样的态度呢？要记住，只要是人为用数学系统描绘物理世界，那么一定要考虑实际情况；要是时间和空间在四维结合里的表现的确不一样，那么四维几何学的定律塑造它们时也要按照其本来的面目去描述。此外，还可以通过一定的方式来让爱因斯坦的时空几何公式变得像欧几里得几何公式那样美好。这就是数学家闵可夫斯基（Hermann Minkowski）用的方法，具体做法是把第四个坐标当成纯虚数。不知你是否记得，我们之前说过一个内容，那就是 $\sqrt{-1}$ 和普通数字相乘后就变成了一个虚数；另外我们还说过，虚数能使几何问题变得简单。所以，按照闵可夫斯基的做法，我们不用空间单位来表示第四个坐标（即时间），而是要和 $\sqrt{-1}$ 相乘。于是，两个事件里的4个坐标就是：

第一坐标：3 200英尺，第二坐标：400英尺，第三坐标：936英尺，第四坐标：8×10^{11}i 光英尺。

由于虚数的平方是负数，所以我们可以定义四维距离是4个坐标距离平方之和的平方根了。因此，在数学上采用爱因斯坦坐标时看起来不太合理的表达式和采用闵可夫斯基坐标的普通毕达哥拉斯表达式是等价的。

接下来要讲一个简单的故事：有一个被关节炎困扰的人，他问朋友怎样才能不得这种病。朋友告诉他：“每天早上都要洗冷水浴。"关节炎患者喊道："你是改患冷水浴病了啊！"

所以，你可以用虚时间坐标这种"冷水浴病"来代替你不喜欢的那个患了"关节炎"的毕达哥拉斯定理。

因为第四个坐标在时空世界里是虚数，所以一定会有两种在物理上不同的

---

① 比基尼岛是太平洋西部的一个珊瑚岛。——编译者注

四维距离。

在同样的单位下，纽约发生的那两件事之间的时间间隔要大于空间距离。由于毕达哥拉斯定理中根号里的数是负数，所以得出的四维距离是虚的；在后面的例子里，时间间隔要小于空间距离，所以根号里的数是正数。也就是说，这两个事件之间的四维距离是真实的。

综上所述，既然时间间隔是纯虚数，空间距离是实数，因此可以认为，虚四维距离和时间间隔比较接近，实四维距离则和普通空间距离比较接近。在采用闵可夫斯基的术语时，应把前一种四维距离叫作"类空间隔"，后一种叫作"类时间隔"。

在第五章我们会看到类空间隔能够变成正规的空间距离，时距也可以变成正规的时间间隔。但它们一实一虚，这就造成了时空之间不可互变的事实。简单地说，一把尺子和一座钟是不能够互相变成对方的。

第五章 时间和空间的相对性

一、时间和空间的相互转变

虽然可以把时间和空间在四维世界里用数学的方法结合起来，但二者的区别还是存在的，然而它们的概念几乎相差无几。在爱因斯坦之前，物理学界还不知道这一点。其实，可以把事件之间的时间间隔和空间距离看作事件之间的四维距离投射在时间轴和空间轴上的影子。所以，只要对四维坐标系进行旋转，就能实现时间和距离的相互转换。然而什么是四维时空坐标系的旋转呢？

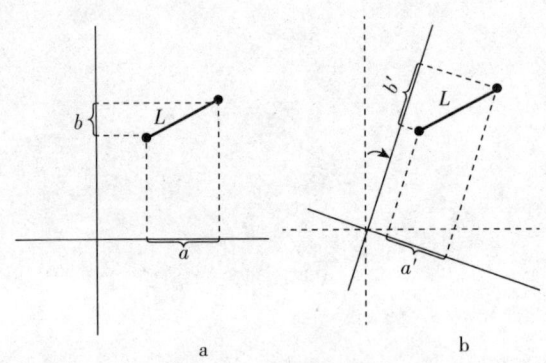

图 34

如图 34 a 所示，这个坐标系由两个空间坐标组成。假设两个点之间的距离是 L，并且这两点是固定的。它们在第一根轴上的距离是 a 英尺，在第二根轴上的距离是 b 英尺。现在把这个坐标轴旋转为图 34 b 所示的状态，这时相同距离投射在新坐标轴上的影子就发生了变化，变成了 a' 和 b'。但是，根据毕达哥拉斯定理，在这两种情况下，两个投影的平方之和的平方根是不变的，但因为这个距离是真实存在的距离，尽管坐标系发生旋转，这个距离是不会发生改变的，这意味着：

$$\sqrt{a^2+b^2} = \sqrt{a'^2+b'^2} = L。$$

因此可以这样认为：坐标系决定了坐标数值的不同，但无法决定它们的平方和的平方根。

如果坐标系里只有一根时间轴和一根距离轴，固定两点就变成了两个事件，在两根轴上的投射分别用来表示时间间隔和空间距离。假如这两个事件就是前面说的银行被抢和飞机撞楼事件，这个结果就可以用图 35 a 表示。这很像图 34 a，只是图 34 a 上的空间距离轴有两根而已。用什么方法使坐标轴发生旋转呢？你可能想不到这个令人惊讶的答案：上汽车。

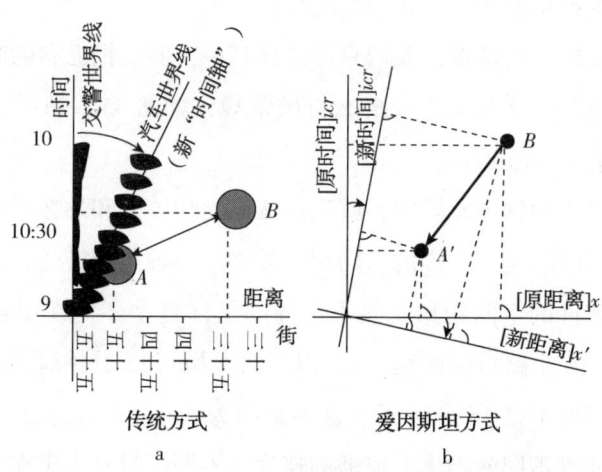

图 35

假设我们坐在发生事件时沿五马路行驶的汽车里，现在我们不想那些令人震惊的事件，只考虑汽车和出事地点的距离。

图 35 a 包括了两个事件和汽车的世界线。你会发现一个事实：从汽车上观察和在其他地方（比如站在街口的警察那里）观察，二者观察到的距离是不一样的。这是因为汽车正在行驶，尽管在纽约的大街上汽车的速度仅仅是每 3 分钟驶过一个路口。因此，要是从汽车上观察，两个事件之间的空间距离会缩短。实际情况是抢劫案发生时汽车正穿过五十二街，此时它距离事发地点两个路口；飞机撞上大楼时汽车正走在四十七街口，此时它距离事发地点 14 个

路口。所以，相对于汽车来说，两个事件之间的距离不是相对建筑而言的 50 − 34 = 16 个路口，而是 14 − 2 = 12 个路口。继续观察图 35 a 就会知道，从汽车上记录到的距离应当从表示汽车的世界线的斜线上计量，而不是像过去一样从警察的世界线（纵轴）上计量。也就是说，后一根线在这里的作用就是用作新时间轴。

以上内容总结起来就是：在运动的物体上观察事件，空间轴保持不动，时间轴根据物体运动速度旋转相应的角度。

在经典物理学看来，这是无法推翻的事实，但和四维时空世界的新观念是冲突的。因为无论你在车上还是在路上，如果认为时间是第四个独立坐标，那么时间轴就要永远垂直于其他 3 个空间轴！

面对两个相冲突的观点，我们只能选择其一：要么把已有的时空观念留下来，不去想统一的时空几何学；要么打破常规，如图 35 b 所示，坚持时空轴旋转，从而让它们永远垂直。

然而，如果空间轴是旋转的，就表示从运动物体上和站在地面上观察到的两个事件的时间间隔是不一样的。同理，如果时间轴是旋转的，从运动的物体上看到的两个事件的空间距离就是不一样的了（这个不同在上述事例中表现为 12 个路口和 16 个路口的区别）。所以，两次相隔 15 分钟时间的事件，在汽车上相隔的时间就不是 15 分钟了。这不是因为汽车上的人手表不准，而是因为时间在运动速度不同的物体上流逝的速度也不同。只是由于在汽车运行的速度下，时间尽管会变慢，但这种变化是察觉不出来的。

还有一个例子。假设一位乘客在行驶的火车上吃饭，餐车上的人会认为乘客喝开胃酒和吃甜食①是在同一个地方。但如果是两个站在车外的人向车里看，那么就会出现这样的情况：一个看到他在喝开胃酒，另一个看到他在吃甜食，喝开胃酒和吃甜食这两件事相距很远了。所以，某人认为不同时间相同地点发生的两件事，在另一个人看来就可能是在不同地点发生的。

从时空等效的角度来看，可以把上面的"地点"和"时间"变换位置，于

---

① 西方人吃饭时先喝一些开胃酒，最后吃甜食。书中的意思是说乘客在火车上的同一地点吃了这顿饭。——编译者注

是变成：某人认为相同时间不同地点发生的两件事，在另一个人看来就可能是在不同时间发生的。我们再回到餐车上，如果车里的人看见车厢前后两端的乘客同时点燃一根烟，那么车外的人也可以说他们点烟这个行为是一前一后的。

所以，同时发生的两件事，有人会认为发生的时间不同。如果把时间和空间看作不变的四维距离投射在相应轴上的四维几何学，那么一定会得出这样的结论。

二、以太风和天狼星之行

为什么要使用四维几何学的语言？目的是为了证明在旧的、相当不错的时空观念中引入革命性变化是正确的？

如果你的答案是"是"，那么就意味着你已经向经典物理学发起挑战，因为正是牛顿的时空定义奠定了经典物理学的基础，这个定义是：从本质上来说，绝对的空间与外界无关，它永远不变且不动；绝对的、真实的数学时间也与外界无关，它是自行均匀地流逝的。牛顿的这个定义只不过是把人们头脑中"想当然"的时空概念付诸语言而已，这并不是什么新发现，他本人也不会想到这些定义会引起广泛争论。长久以来，人们从来不会怀疑这个经典的时空概念有什么不对。既然是这样，现在提出这个问题的目的是什么呢？

这是因为：在科学实验中出现了很多事实，这些事实不能用古典的时空概念进行解释。

1887年，美国物理学家迈克耳孙（Albert Abraham Michelson）做了一个实验，这个不起眼的实验对经典物理学产生了强烈冲击。迈克耳孙的设想很简单：光通过"光介质以太"（一种均匀的物质，假设出来的、充满整个宇宙和所有物质的原子之间）时，就一定会产生波动。

把石子扔进水池，水波会向四周传播；敲击音叉，音叉发出的声音就会以波的形式向四周传播；发光体发出的光也是如此。声波是声音穿过空气中的某些物质产生的波动，水波也是运动的水的微粒产生的。但光波是靠什么传递的呢？与声音相比，光是很容易传播的，以致我们认为空间是虚的！

如果空间真的是空的，那么还要说有某种东西在振动，这真太不合常理了。

从一到无穷大

所以科学家们发明了"光介质以太"这个概念，以此解释光在空间里是怎么振动的。然而，这种物质的物理性质是什么样的呢？只看这个词是肯定看不出来的。

把传播光波的东西称为"光以太"，光波就会在光以太中传播，这句话意义不大。实质问题是这个光以太是什么，它有什么性质。我们只能从物理学中去找答案。

19世纪的物理学家们做错了一件事，那就是他们认为光以太的性质和一般物体的性质差不多。于是，他们就认为光以太具有流动性、刚性以及弹性，甚至有内摩擦。综合起来，光以太的性质是这样的：一方面它是振动的固体；① 另一方面，它具有完美的流动性，不会对天体运动产生阻力——这和火漆类似。坚硬的火漆极易粉碎，但放置一段时间后，它又会开始流动。科学家们认为，这种类似火漆的物质布满宇宙。在光的冲击下，它表现为坚硬的固体；面对速度相对较慢的星体时，它又会像流动的液体那样被推到两旁。

我们把这种观点称为"模拟"，但用已知的物质性质来推断未知物质的性质，有时候会面临失败的。虽然科学家们已经很努力了，但还是不能对这种神秘的媒介给出合理的解释。

现在我们很容易看出这些尝试的不合理之处。我们可以把一般物质的机械性质归结为构成物质的微粒之间的作用力。比如水的流动性很强，这是因为水分子之间几乎不存在摩擦力；橡胶制品的弹性很强，这是因为构成橡胶的分子极易形变；金刚石非常坚硬，这是因为构成金刚石的碳分子被刚性结构紧紧地束缚住了。然而面对光以太这种物质，这条结论就不适用了。

光以太非常特殊，它和组成我们日常生活中常见的物质的原子嵌镶结构完全不同。虽然我们说它是一种"物质"，但也可以把它称为"空间"。需要注意的是，空间具有某种结构上或形态上的内容，因此相对于欧几里得几何学上的空间，它的概念更加复杂。事实上，如果不考虑力学性质，"以太"这个名称和"物理空间"是同义词。

再回来看看迈克耳孙的实验，其原理非常简单：如果光通过以太产生光

---

① 光波被称为"横波"，因为它振动的方向垂直于光传播的方向。一般情况下，只有在固体中才会有这种横向振动。到了气体和液体里，粒子振动的方向和波的行进方向一致。

波，那么地球在星际空间运动将对地面上的仪器记下来的光速产生影响。如果我们站在前进着的船头上，就会感受到有风吹来，即使当时的空气是不动的。同理，站在地球上和地球绕日轨道方向相同的地方，就会身处"以太风"之中了。不同的是你无法察觉到以太风，因为它已经穿过构成我们身体的原子了。但是，要是测量和地球运动方向不一致的光速，就会感受到它的存在。众所周知，声音在顺风中前进的速度大于在逆风中前进的速度。同理可知，在顺以太风和逆以太风中，光的传播速度肯定也是不同的。

知道这点后，迈克耳孙就开始做一台机器，这台机器可以记下光速在各个方向的不同。最简单的方法是用图 31 c 那台菲佐用来做实验的仪器，在测量时可以把它转向不同的方向。然而用这台仪器并没有收到理想的效果，因为这个实验对测量的精确度要求很高。

如何知道两根木棒相差多少呢？只要把它们一端对齐，然后测量另一端的长度差即可，这种方法叫作"零点法"。如图 36 所示，迈克耳孙的实验就用到了这个原理。

图中仪器中心的部件 B 是一块镀银的半透明玻璃片，光线照上去后可以反射回一半、通过另一半。所以，从 A 点发出的光线在 B 上就变成垂直的两条光线，然后这两条光线被 C 和 D 反射（C 和 D 与 B 的距离相等）。从 C 点折回的光线被 B 反射一部分，从 D 点折回的光线穿过 B 一部分。在进入实验人员的眼睛后，这两条光线重新结合。但根据光的性质，这两条光线之间会产生干扰，形成清晰的明暗条纹。已知 BC 等于 BD，所以两条光线同时到达 B，这时明亮的地方是正中心；若是 BC 不等于 BD，那么它们到达 B 的时间会有所差别，此时明亮的地方会偏左或偏右[①]。

由于地球在空间移动的速度较快，所以要考虑到以太风掠过地球时的速度会和地球运动的速度相等。如图 36 所示，假设风自 C 向 B 吹，再看看光线到达交汇处时的速度有何不同。

---

① 另见第 114~115 页。

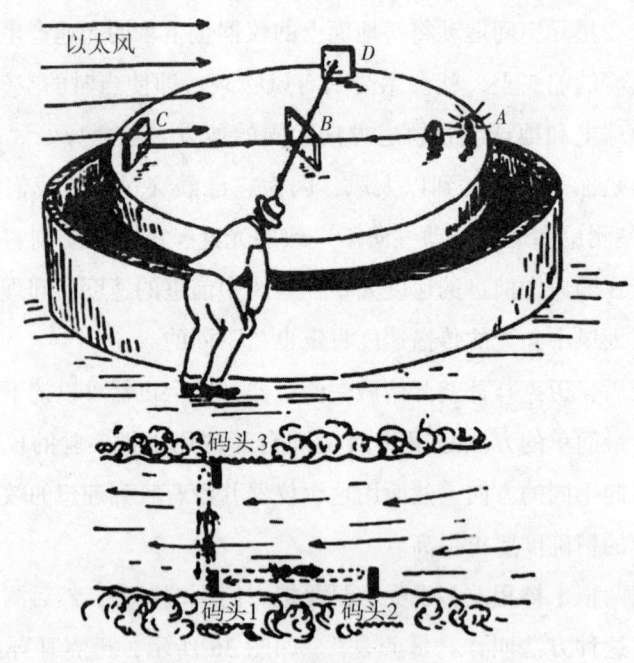

图36

要注意，一条光线是在"风"中来回穿行，另一条光线则是先逆"风"、后顺"风"，哪条光线先到达目的地呢？

假设一只船先逆流来到目的地，再顺流返回出发点。河水先是阻碍了船的前进，然后又推动了船的前进。这两股力量是会相互抵掉的吗？当然不会。如果船行驶的速度和河水的速度一样，那么它永远不会到达目的地。所以，水流速度是让船到达目的地所需时间变长的重要因素。

$$\frac{1}{1-\left(\frac{v}{V}\right)^2}$$

在这个式子里，V是船速，v是水流速度①。当船速是水速的10倍时，船到达再返回的时间是：

---

① 用l表示两地的距离，顺流时航行速度是$V+v$，逆流时航行速度是$V-v$，所需时间就是：
$$t=\frac{l}{V-v}+\frac{l}{V+v}=\frac{2Vl}{(V-v)(V+v)}=\frac{2Vl}{V^2-v^2}$$
$$=\frac{2l}{V}\cdot\frac{V^2}{V^2-v^2}=\frac{2l}{V}\cdot\frac{1}{1-\frac{v^2}{V^2}}。$$

$$\frac{1}{1-\left(\frac{1}{10}\right)^2} = \frac{1}{1-0.01} = \frac{1}{0.99} \approx 1.01 \text{（倍）},$$

即所需时间是静水中的 1.01 倍。

用这个方法也能算出船行驶到对岸再返回来耽误的时间。之所以会耽误一些时间，是因为船在行驶的时候船身要倾斜一些，以此补偿水流所造成的漂移。这次耽误的时间较短，即：

$$\sqrt{\frac{1}{1-\left(\frac{v}{V}\right)^2}}。$$

和前面的例子相比，只多花了千分之五的时间。如果你对这个公式有兴趣，可以试着证明一下。如果把船前进看成光波在前进，把河流看成流动的以太，这就是迈克耳孙做的实验了。光线从 B 到 C 再返回、从 B 到 D 再返回后，时间延长的值分别是：

$$\frac{1}{1-\left(\frac{V}{c}\right)^2} \text{和} \sqrt{\frac{1}{1-\left(\frac{V}{c}\right)^2}}。$$

这里的 c 是指光在以太中传播的速度。

光速约为 30 万千米/秒，以太风的速度和地球运动的速度相等，即 30 千米/秒。所以，这两束光线分别延迟了万分之一和十万分之五。如果使用迈克耳孙的装置，很容易捕捉到这样的差异。

然而在进行试验的时候，条纹却没有发生移动，这令迈克耳孙非常惊讶。所以可以说，以太风对光速不会产生影响。

迈克耳孙觉得这个结果不可思议，于是他又做了几次这个实验，每一次的结果都证明了上面的那个同样的结论。

面对这样的结果，唯一合适的解释是斐兹杰惹收缩[①]，具体来说就是迈克耳孙使用的仪器在沿地球运行的方向上有一个微小的收缩。事实上，假如 BC

[①] 斐兹杰惹（Fitzgerald）是第一个使用这种概念的人，于是就用他的名字命名。他认为这纯粹是运动机械效应。

收缩了一个因子

$$\sqrt{1-\frac{V^2}{c^2}}$$

而 BD 不变，就会使两束光耽搁相同的时间，进而导致干涉条纹移动的现象不会产生。

因子会收缩？这说起来容易，理解起来却很困难。在有阻力的介质中，运动的物体会收缩，在日常生活中也会遇到这种情况。例如在水中前进的汽船，在船头的阻力和船尾的推力双重作用下会被压缩。受到压缩的程度和船体材料有关，如果是钢质的船体，压缩程度就一定小于木质的船体。然而在迈克耳孙的实验里，收缩的程度和机器材料本身无关，而是和运动速度有关。也就是说，不管用什么材料做成这台仪器，收缩程度是不变的。我们把这种现象称为"普适效应"，这种效应能让所有物体的收缩程度相同。根据爱因斯坦的说法，这里的收缩是空间的收缩。在相同的速度下，所有物体的收缩程度也相同，这是因为物体本身被限制在同一个收缩空间之中了。

在前面几章我们说了很多和空间性质有关的内容，所以才可以在这里提出上述说法。如果想更明白，可以把空间想象成具有胶冻性质的物质（各种物体边界的痕迹包含其中）；这个"胶冻"在受到挤压后，内部的物体也随之变形。受空间变形产生的变形与物体在外力作用下自内部产生抗力而发生的变形有本质的区别，看一下图 37，就会更加理解这两种变形的不同。

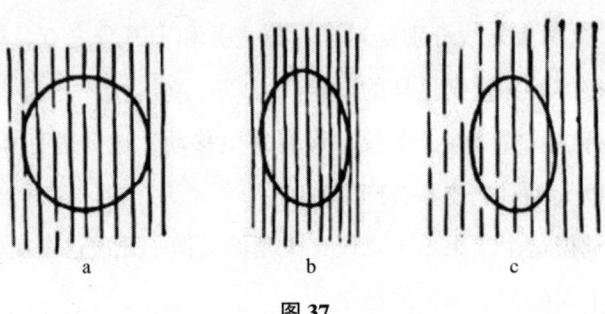

图 37

这种在物理学里很重要的空间收缩效应在日常生活中却没有引起我们的足够重视，这是因为日常生活中我们看到的所有物质的运动速度和光速比起来简直就是龟速。例如一辆速度为 50 英里/时的汽车，其长度是原来的

$$\sqrt{1-(10^{-7})^2}=0.999\,999\,999\,999\,99 \text{ 倍}。$$

换句话说，这台汽车只比原来的长度减少了一个原子核的直径那么大！一架时速是600英里的飞机，其长度与原来相比不过减少了一个原子的直径而已；就算是时速为25 000英里、长度为100米的火箭，它的长度也只缩短了1毫米的1/100。

但是，如果某物体的运动速度可以达到光速的50%，90%和99%，那么它的长度就会缩短为原长度的86%，45%和14%了。

一首打油诗这样描写高速运动物体的相对收缩效应：

斐克勇士善耍剑，

挥砍刺劈如闪电；

无奈空间收缩性，

长剑缩短一大半。

当然，想要达到诗里说的效果，斐克勇士刺剑的速度得像闪电一样快了。

用四维几何学的知识，很容易理解运动物体会普遍收缩这种现象：物体的四维长度在空间坐标上的投影由于时空坐标系的旋转而发生了改变。不知你是否记得上节我们说过的东西：在运动的物体上观察事件，必须用时空轴都旋转的坐标系描述；运动速度的快慢决定旋转角度的大小。所以，如图38 a所示，在静止系中，四维距离全部投射在空间轴上。要是在新的坐标轴上，如图38 b所示，空间的投影就会变短一些。

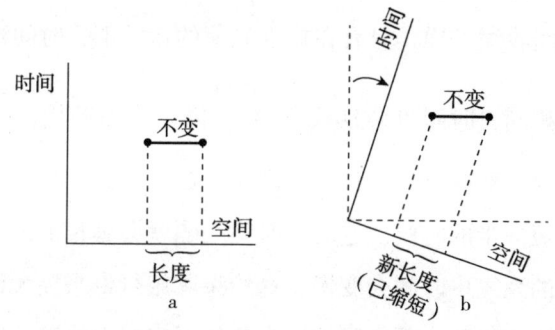

图38

还要注意一点：长度的缩短只和两个系统的相对运动有关。如果某物体以第二个系统为参照时是静止的，那么它在原空间轴上的投影是缩短的，在新空间轴上的投影是不变的。

所以，没必要判断两个坐标系哪个是静止的，哪个是运动的，因为只有它们相对运动才起作用。假设有两艘载人飞船，它们高速行驶在地球和土星之间的航线上，在途中相遇后，两艘飞船上的乘客都会发现对方坐的飞船明显变短，而自己坐的这艘没有发生变化①。

通过四维时空的理论可知，在接近光速运动时物体的长度才会发生变化。其原因在于：运动系统通过的距离与相应的时间比决定了时空坐标旋转的角度。如果分别用米和秒表示距离和时间，那么这个比值就是速度（单位为米/秒）。在四维时空里，时间间隔是用时间单位和光速相乘，运动速度（米/秒）和光速（同样的单位）的比值又决定了旋转角度。所以，在两个系统相对运动的速度接近光速时，旋转角度发生的变化才会明显对距离测量的结果产生影响。

时空坐标系的旋转对长度和时间间隔都有影响。当空间距离变短时，时间间隔会增大，这是因为第四个坐标有特殊的虚数本质②。同样一只钟，它在汽车里和在地面上的速度会不一样，汽车里走得比较慢。钟表变慢和长度缩短是普遍的效应，只和运动速度有关。所以，在同样的速度下，任何机械钟表的速度都是一样的。不只是钟表，任何生理、化学、物理进程都会减缓。如果你在飞速行驶的飞船上煮鸡蛋，完全不必担心由于钟表走得太慢而导致鸡蛋被煮老，因为鸡蛋被煮熟所用的时间也相应变长了。因此，平时在地面上你煮鸡蛋的时间是 5 分钟，这时你仍然可以按照钟表上的 5 分钟来煮。之所以用火箭为例，是因为同空间收缩一样，只有在接近光速的运动下，时间延长才会更加显著。和空间收缩相同，时间也会延长 $\sqrt{1-\frac{v^2}{c^2}}$ 倍。不同的是，在空间收缩的时候这个倍数是乘数，而在时间延长的时候这个数是除数。当一个物体的运动速度能让其本身缩短一半的时候，这时的时间间隔就会延长 1 倍。

在高速运动的系统中时间会变慢，这给星际旅行带来极大便利。如果你想坐上速度接近光速的飞船去距离我们 9 光年的天狼星上旅游，你可能会认为往

---

① 这种情景只能是理论上的，因为两艘飞船的速度都很快，乘客无法看到另一艘，正如无法看到射出的子弹一样。

② 也可以说毕达哥拉斯公式在四维空间中向时间轴扭曲。

返一趟大概需要 18 年的时间。但事实并不是这样，要是真的坐上这么快的飞船，你手表的时间、生理的变化等都会大大变慢，约为原先连接的 1/7 万。所以，地球上的人认为你离开了 18 年，你可能只会觉得离开了几个钟头罢了。要是你在吃完早餐后开始出发，中午的时候正好在目的地吃午饭，然后立即返航，你就可以回家吃晚饭了。但是根据相对论原理，对于你的家人来说，他们已经吃过 6570 顿晚饭了！因为已经过去了 18 年。

如果运动速度超过光速呢？请看下面这首和相对论有关的打油诗：

神行女孩叫小布，

速度比光快万步；

爱因斯坦有高论，

今日出门昨归复！

这样一来，时光不是可以倒流了吗？只要运动的速度超过光速即可！此外，随着毕达哥拉斯公式中代数符号发生变化，时间坐标会由虚数变为实数，即变成了空间距离；与此同时，所有长度都由实数变为虚数，即变成了时间间隔。

假设这些都是真的，图 33 所表示的爱因斯坦将尺子变为时针的戏法就可能变成。然而在物理世界中是不会出现这种情况的，用一句话就可以解释其中的原因：任何物体的运动速度都不可能达到、更不可能超过光速。

这个规律是建立在一定的实验基础上的，实验表明：在运动速度接近光速时，运动物体本身反抗继续加速的惯性质量会无限变大。假如子弹的速度达到光速的 99.999 999 99%，那么它对进一步加速的阻力和一枚 12 英寸的炮弹差不多；要是能够达到光速的 99.999 999 999 999 99%，它的惯性质量就相当于一辆满载货物的卡车。不管给子弹施加多大的力，它和光速之间的差距也不可能是 0，因为光速是宇宙中一切速度的顶点！

三、弯曲空间和引力之谜

以上几十页内容都是关于四维坐标系的内容，你是否已经觉得头脑发晕了呢？现在我们换个话题，说说弯曲空间。曲线和曲面我们都比较熟悉，但弯曲空间是什么呢？之所以想象不出，并不是因为这是个奇怪的概念，而是因为我们无法以外人的角度来看空间。由于我们就处在三维空间里，所以只能从内部观察弯曲空间。我们还是先看看二维扁片人是怎么在平面和曲面上生活的，这有助于生活在三维空间的我们感受空间的曲率。如图39 a 和 39 b，"平面世界"和"曲面世界"上都有二维扁片人在进行研究，研究的内容是三角形。我们都知道，平面里三角形三个内角加在一起是180°。要是在球面上，这个定理就被推翻了。我们借助地理学的概念，把三角形的3条边称为经线和纬线，那么就有可能出现这三条线相交而成的两个直角底角和一个从0°到360°之间的顶角。如图39 b 所示，这个三角形内角和是210°。因此，即使不从外部进行观测，这些二维扁片人也能通过观察自己空间内的几何图形而发现他们身处的这个世界的曲率。

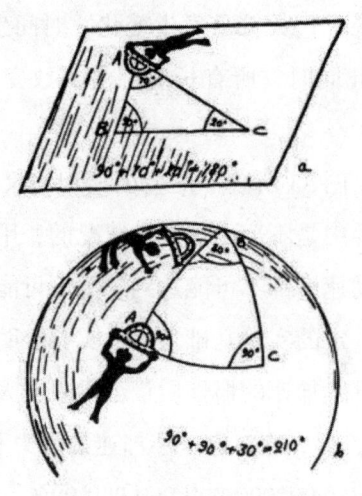

图39

把上面的二维空间变成三维空间，就会知道：即使不在四维空间观测，我们这些三维的人也可以观测到三维空间的曲率，只要量一下三维空间中三个点形成的3条直线间的夹角即可。在平坦空间里，3个内角之和是180°，如果不是180°，就说明空间是弯曲的。

在继续研究之前，我们先得知道什么是直线。通过观察图39中的两个三角形，你可能会认为上图中的那三条线是直线，下图中的 3 条线都是弯曲的，它们都是球面上大圆①的弧。

　　这只是我们的日常经验，若是扁片人也这么认为，那么它们就无法继续研究几何了。所以我们要对直线进行重新定义，使它不但适合欧几里得几何，还能适合曲面和更复杂的空间。这个定义是这样的：给定的曲面或空间内任意两点之间最短的距离就是直线。这样一来，无论是在平面上还是在复杂的曲面上，直线的概念都合理了。然而为了区别开来，我们用短程线或测地线来称呼曲面上两点间最短的距离。这两个词最初用在测量地球表面的学科——测地学上。实际上，在说到两个地方之间（比如上海和纽约）的直线距离时，意思是"走直线"，即沿着地表的曲率走，而不是用一台巨大钻机把地球钻透。

　　这个定义教会我们如何做一条直线：在两点间拉紧一根绳子，如果两点在平面上，我们得到的是一般直线；如果两点在球面上，我们得到的就是一根短程线。

　　用这个办法还可以知道三维空间是平坦的还是弯曲的，只要在空间内找到 3 个点，在这 3 个点之间拉紧绳子，然后测量 3 个角加在一起是不是 180°。需要注意的是，首先，由于弯曲空间或曲面可能有一小部分显得很平坦，所以要在一个很大的空间内做这个实验，从未听说谁在自家院子里测量地球的曲率；其次，由于弯曲空间或曲面可能在不同的地方也会有平坦和弯曲的区别，所以要在多个地方测量。

　　爱因斯坦曾提出一个假设：在越大的质量附近，物理空间的曲率也越大。我们可以在一座山附近做个实验来验证这个说法：如图 40 a 所示，围着这座山钉 3 根木桩，然后拉紧它们之间的绳子，接下来测量 3 个夹角。然而，即使你把喜马拉雅山脉围起来，得到的结果仍然是 180°。难道爱因斯坦说错了？当然不是！因为就算是喜马拉雅山脉，它的质量产生的弯曲不用最精密的仪器是测量不出来的。在前面提到的那个伽利略测量光速的实验之所以会失败，也是因为仪器的原因。

---

① 球面被通过球心的平面切割后得到的圆叫作大圆。赤道和子午圈都是大圆。

看来我们要找一个质量更大的物体了，太阳就很合适。首先在太空中找到另外两颗恒星，使它们和地球围成的三角形能把太阳包围，然后拉紧它们之间的绳子，这下你就会发现3个内角和不是180°了。要是没有这么长的绳子，你也可以用光束代替，因为光经过的路线永远是最短的。

如图40 b所示，这就是这个实验的原理。S_I和S_{II}分别是位于太阳后方两侧的恒星，我们可以用仪器测出它们射来的光线的夹角，当太阳离开后再测量这个夹角。如果两次测量的结果不同，那么就说明太阳把周围空间的曲率改变了，进而导致光线偏离。

图40

做这个实验遇到的最大困难就是太阳光太强烈了，使我们无法看到其他星体。如果发生了日全食，我们才可能在白天进行这个实验。1919年的一天，西非的普林西比岛发生了日全食，此时正好有一支天文观测组在附近，他们就利用这个机会进行了测量。结果他们发现，这个夹角在有无太阳的情况下相差大约1.61″±0.30″，爱因斯坦得出的结论是1.75″。后来人们进行了多次观察，得到的结果都很接近这个数值。

虽然1.5角秒不是很大，但这个数字确实证明了太阳能使周围空间发生弯曲的事实。假如能用质量更大的星体代替太阳，那么这个角度会更大。

作为生活在三维空间的我们，想要进一步了解三维空间，没有足够的时间和想象力是不行的。但要是找对了方法，它就会变得像古典几何学的概念一样清晰明了。

我们还要继续向前,才能对万有引力和爱因斯坦的弯曲空间理论之间的关系有更深的理解。不要忘了,三维空间是四维空间的一部分,所以,通过三维空间的弯曲,可以知道四维空间的弯曲是更普遍的。所以,要把表述光线和物体运动的四维世界线,看成是超空间中的曲线才行。

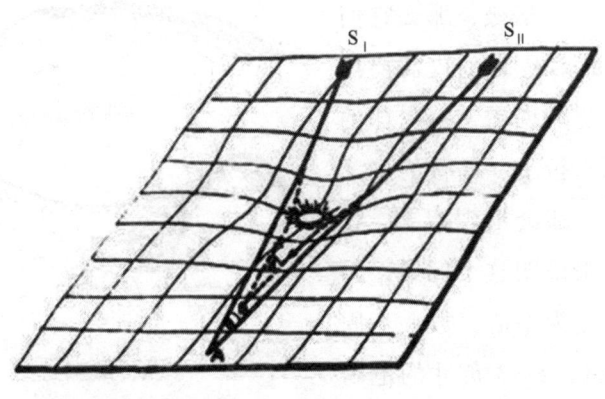

图 41

爱因斯坦从这个观点出发,又得出了一个重要结论:引力现象只是四维空间弯曲导致的效应。所以,"行星在太阳引力的作用下围绕太阳运动"这个观点有些不合时宜了。我们有更准确的说法:太阳使周围的空间弯曲,在图 30 中,彗星的世界线就是它们通过太阳周围的弯曲空间的短程线。

所以,我们就不能认为引力是一种独立力了。一个新概念取代了它:在纯粹的几何空间里,任何物体的运动空间都是包含在其他巨大质量物体造成的弯曲空间中的,其运行方向是沿"最直跨线"(短程线)进行的。

四、闭空间和开空间

最后我们还要对一个重要问题进行讨论:宇宙有边际吗?

直到现在,我们讨论的都是大质量物体周围发生的弯曲,对于整个宇宙来说,这些只是局部。如果把宇宙看成一张脸,这些局部就是上面的"痤疮"。宇宙的其他部分是什么样的呢?是平坦的还是弯曲的?如图 42 所示,这是 3 个二维空间,上面都长着"痤疮"。上面的图是平坦的;中间的图是正曲率,意思是不管这个封闭面朝哪里伸展，弯曲方向不变；最下面的图是负曲率。后两种弯曲很容易分清。把皮球的皮和马鞍的皮放在桌子上拉平，如果拉不长也不起褶皱，那么它们都不能变成平面。皮球的皮需要拉长，马鞍的皮会出现褶皱；皮球的皮边缘不够用来拉平，马鞍的皮又有些多余。怎么都会出现褶皱。我们用其他方法来说明这个问题。以平面上的某一点为中心，数一下周围半径分别为1，2，3英寸的范围

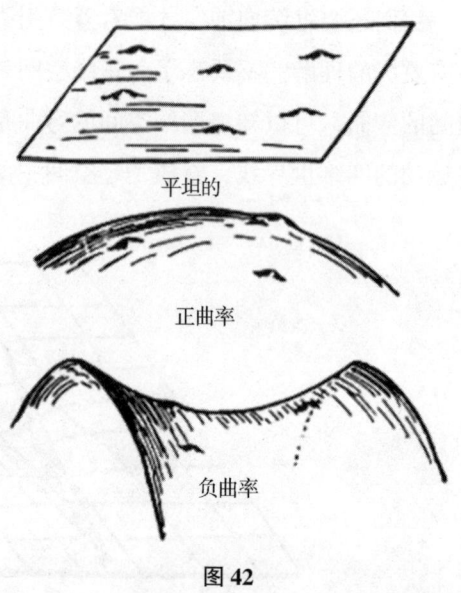

图42

内有多少个"痤疮"，结果你会发现："痤疮"的个数呈平方增长，如1，4，9等；如果是球面上，则增长的速度要比平面上慢；到了鞍面上，增长的速度又比平面上快了。因此，即使无法从外部看到自己生活的世界，二维世界里的扁片人还是可以根据不同半径里"痤疮"的数量来得知弯曲情况。还有一个明显的事实：在正负曲面上，两个三角形的内角之和不相等。在球面上，3个内角之和大于180°，要是在马鞍上，这个数值就小于180°。

把上述结论运用到三维空间，可以得到下表：

空间类型	远距离行为	三角形内角和	体积增长情况
正曲率（类似球面）	自行封闭	>180°	慢于半径立方
平直（类似平面）	无穷伸展	=180°	等于半径立方
负曲率（类似马鞍面）	无穷伸展	<180°	快于半径立方

我们可以用这张表研究宇宙有没有边界，具体我们会在后面的内容中进行讨论。

第三部分

微观世界

第六章 往下的阶梯

一、古希腊人的观念

在对物体的性质进行研究时,我们习惯从熟悉的事物入手,慢慢研究它的内部,最后探知其性质源于何处。假设我们面前有一盘蛤蜊杂烩,可以用它作为说明混合物的例子。通过观察我们可以看出,这道菜里有很多种东西:蛤蜊片、芹菜段、马铃薯丁、洋葱瓣、胡椒粒、肥肉末、番茄块,还有油盐和水等。

日常生活中还有很多混合物,有的需要用显微镜才能辨别出来。比如牛奶,在显微镜下我们会看到它是一种乳状液,包括白色液体和悬浮在液体中的小滴奶油;把土壤放到显微镜下,我们会看到这种精细的混合物里包括了石灰石、铁的氧化物、黏土、石英及其他矿物质、盐类,还有生物腐烂变成的有机物质;通过观察打磨后的花岗石,很明显看出,它是由石英、长石和云母微粒结合在一起组成的物质。

这只是我们研究的往下走的阶梯的第一阶段,接下来再深入一些。混合物里有很多种纯净物,这就是我们下一阶段的研究对象。在显微镜下,这些纯净物几乎看不出杂质,看起来所有物质都是同一种。是的,除玻璃这类非晶体之外的所有这些纯净物的固体,放在显微镜下都可以看到它们内部的微晶结构。并且这些晶体都是同类,铝锅里都是铝晶体,铜丝里是铜晶体。通过慢结晶技术,我们可以把这些物质变大,最终得到多块同样的单晶,每一小块都和其他一样均匀。

通过显微镜和肉眼观察,我们是否可以做出这样的假设:不管怎样放大,这些均匀物质也不会变化。换句话说，是否可以认为这些物质的性质是固定的呢？如果无限切割下去，它们变成更小的部分后，是否还可以保持这种性质呢？

早在2300年前，希腊哲学家德谟克里特（Dēmocritos）就提出并回答了这个问题，他认为这是不可能的。在他看来，不管是什么东西（即使是外表很均匀的东西），都是由数量庞大的微粒构成的。他把这些微粒叫作"原子"，意思是"不可分割者"。他进一步认为，物质之所以不同，是因为其中包含的原子数量不同，所有物质都是由同样的固定不变的原子组成的。

当时还有一位名叫恩培多克勒（Empedoclēs）的科学家，他却不这样认为。他认为各种物质是不同的原子按照某种比例结合在一起形成的。由于当时的条件所限，恩培多克勒认为原子只有4种：土、水、空气和火。

当时人们就是根据这套理论解释自然现象的。土壤由"土原子"和"水原子"组成，当二者结合得紧密时，土质就会很好。植物把太阳中的"火原子"和土壤中的"土、水原子"结合，就变成了木头的分子。水分排出后，木头变成干柴。干柴燃烧后，木头会被分解成"土原子"和"火原子"，"火原子"逸进空气中去，剩下的"土原子"就是燃烧后留下的灰烬。

在当时的科学水平下，这种说法显得很合理，但现在我们都能看出这是错的。事实上，植物生长所需的大部分物质来自空气，而不是土壤。土壤的作用是支撑植物并保存水分，此外它还提供少量的盐。如果想种出一株玉米，那么这个过程需要的土壤大概只有手指甲那么大一块。

事实是这样的：空气并不是单一的，其主要成分是氮气和氧气，此外还有一些二氧化碳等气体。在阳光的照射下，植物的叶子从空气中吸收二氧化碳，二氧化碳和植物根里的水分发生反应，得到各种物质，其中就有氧气。这些氧气会回到空气中，所以养着花草的屋子里空气会比较好。

"木头分子"在燃烧的过程中会和空气中的氧结合，最终变成二氧化碳和水蒸气从火中排出。

古人认为"火原子"能够自由钻进植物的物质结构中，但这种原子是不存在的。太阳的作用只是提供能量，把二氧化碳分子变成可供植物消化的养料。由于"火原子"是不存在的,所以火焰自然也不是飘逸的"火原子",而是一种高温气体物质。

有很多例子能说明古今对化学变化的看法不同,例如,从高温的熔炉里炼出来的金属。从表面上看,矿石和普通石头没什么区别,所以古人认为矿石跟普通石头都是由"土原子"组成的。铁矿石被提炼后,得到一种全新的物质,可以用来制作各种坚硬的工具和器皿。所以,在古人看来,金属分子是"土原子"和"火原子"结合在一起的产物。

但为什么会有多种不同的金属呢?他们是这样解释的:"土原子"和"火原子"按照不同比例结合,就产生了不同的金属,之所以黄金会比铁更亮,是因为黄金中的"火原子"含量比铁中的多。

到了中世纪,人们仍对此坚信不疑,于是出现了很多炼金术士,他们认为,只要把金属放在火里熔炼,就一定会得到黄金,很多人为此白白浪费了一生。

他们之所以会错,是因为他们把黄金当成一种混合物质了,然而黄金却是一种基本物质。不过话又说回来,要是没有这些人的尝试,我们可能到现在还不知道金属是一种基本的化学物质,也不会知道含金属的矿石其实是金属原子与氧原子结合的产物(即金属氧化物)。

铁矿石被炼成铁,这个过程并不是把两种原子("火原子"和"土原子")结合在一起。相反,这是把原子分离的过程(把氧原子从铁的氧化物中分离出去)。铁生锈也不是铁中的"火原子""溜走"而只剩下"土原子",是因为铁原子和空气或水中的氧原子结合,变成了铁的氧化物分子[①]。

从某种意义上说,古人理解的化学变化以及物质结构的概念是基本正确

[①] 炼金术士认为铁矿石的变化过程是这样的:

"土原子"(矿石) + "火原子" → 铁分子,

铁生锈的过程则是:铁分子 → "土原子"(锈) + "火原子"。

实际上这两个过程是这样的:

铁的氧化物分子(铁矿石) → 铁原子 + 氧原子,

铁原子 + 氧原子 → 铁的氧化物分子(锈)。

的，他们的错误出在他们不懂得什么是基本物质。就拿恩培多克勒说的那4种物质来说，这里没有一个是基本物质：土里有许多成分，水分子包括氢原子和氧原子，空气是混合物，"火原子"是不存在的①。

事实上，大自然中化学元素的种类是92种②，即有92种原子。其中我们熟悉的如氧、碳、铁、硅等元素比较常见，而另一些如锗、镝、镧等元素我们可能都没听说过。此外，还有很多人工造出来的化学元素，在后面的内容里我们会进行介绍。形形色色的化学物质，如骨头和木头，黄油和奶油，草药和炸药，等等，都是92种基本原子按照不同比例结合而形成的。还有很多名字很长的化合物，尽管化学家对它们耳熟能详，但大众可能却从未听过。迄今为止，学界已经出版了很多介绍原子组合、化合物的制备方法及性质的著作。

二、原子有多大

德谟克里特和恩培多克勒都意识到这样的问题：物质肯定会有不能再继续分下去的时候。

只有了解基本的原子以及它们在分子中的性质，才会理解化学中的基本规律。因此，现代的化学家们还是非常了解原子的。根据化学定理，元素是按照一定的比例结合的，这种比例能够反映不同元素中原子的质量关系。化学家们知道，氧原子、铝原子、铁原子的质量分别是氢原子质量的16倍、27倍和56倍。然而他们却不知道原子的质量是多少克，但这也不会产生什么不便，因为在化学中要用到的基本数据是原子量，即原子的相对质量。

如果是物理学家研究原子，那么他就会问：一颗原子有多重？大小是多少毫米？在一定量的物质中，原子的数量是多少？

有一个估算原子和分子大小的简单实验，这个方法没有用到高科技的仪器，如果古人想到这个方法，那么他也能做出这个实验。已知一种物质最小的

---

① 在后面的内容里可以看到，"火原子"在光量子理论中恢复了一部分概念。
② 根据2014年的《国际标准相对原子质量表》，人类已探明118种元素，其中自然元素94种，人造元素24种。——编译者注

组成部分是原子,那么它再小也不能小过构成自己的原子。我们以铜为例,可以把铜拉长或砸扁,使之成为由单个原子组成的长链或只有一层原子的铜箔。

然而直接这么做是很难的,因为它可能会发生断裂。所以我们可以用液体来尝试,比如把一滴油滴在水面上,这时油就会在水面上均匀展开,形成一层单分子薄膜。水面上的分子只能是前后左右连在一起,不可能上下重叠。如果有足够的耐心,我们就可以算出油分子的大小。

如图43,把一个浅而长的容器平放。再向里面倒水,直到水面到达容器边缘;把一根金属丝搭在容器上,金属丝要和水面接触。这时从金属线的一侧滴入一滴油,油面就会在这一侧的水面上扩散。把金属线向没有滴入油的一侧移动,油膜就会逐渐变薄,最终会变成一层油分子。继续移动金属线,油膜就会破裂。知道滴入多少油和保持油膜不破的最大面积后,我们就可以算出单个油分子的直径了。

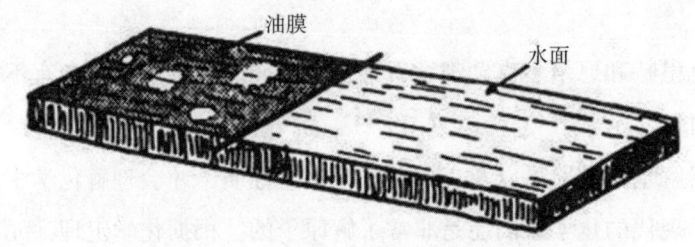

图43　薄油膜扩散到一定程度后会裂开

如果你用 1 毫米^3 的油做这个实验,最终油膜覆盖的范围大约是 1 米^2。①

三、分子束

通过观察气体穿过小孔进入四周的真空,我们就可以演示出物质具有分子结构这一特性。

把电阻丝缠在一个一端钻有小孔的陶质圆筒的外侧,一只小电炉就做成

---

① 这样的话,油分子的大小就是 0.1 厘米 $\times 10^{-6} = 10^{-7}$ 厘米,即 1 纳米。分子由原子组成,所以原子比这个数还要小。

了。接下来把这个电炉装进真空玻璃泡里。此外还要在电炉里放入一些如钠、钾之类的低熔点金属,电炉加热后,这些金属就会变成蒸气从孔里钻出来。金属蒸气遇冷后,就会粘在玻璃泡内壁上。通过查看玻璃泡内壁黏着的金属情况,就可以知道这些蒸气从炉子里钻出来后的运动轨迹。

继续研究下去,我们会发现玻璃上黏着的金属膜会随着电炉温度的不同而不同。图 44 a 是温度较高时的样子,金属蒸气的密度比较大,它们从小孔中钻出来向四周扩散,很快就会均匀地布满整个内壁。图 44 b 则是温度较低时的样子,钻出来的金属蒸气不向四周扩散,而是堆积在电炉开口朝着的内壁上。如果放上一小块物体,就会看得更直观了,被物体挡住的地方没有金属沉积,而是出现和这个小块物体轮廓一样的空白区。

要是已经明白金属蒸气的扩散其实是金属分子在到处冲撞,那么蒸气在不同密度下产生不同的效果也很容易理解了。密度比较大时,冲出的气流就像从着火的大厅里挤出的人一样四散奔逃;密度比较小时,蒸气就像人们排队从剧场走出来一样井然有序,都会一直向前,而不是相互冲撞。

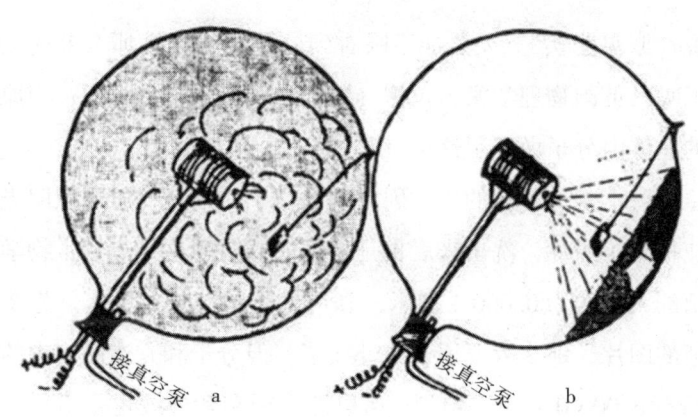

图 44

我们把上述实验中低密度的物质流叫作"分子束",组成分子束的众多分子都是相互独立的。在研究单个分子的时候,不能不研究分子束。例如可以用它做测量热运动速度的实验。

如图 45 所示,这就是一台研究分子束速度的机器,它的发明者是美国物理学家斯特恩(Otto Stern)。这台机器有一个轴,轴的两侧是两个齿轮,当转动速度满足一定的条件时分子才能通过。斯特恩用这个装置知道了分子运动有着惊人的速度（例如在200℃的时候，钠原子的速度为1.5千米/秒），并且温度越高速度越快。这是对热动力学理论的最直接证明。据此，随着物体热量的增加，物体分子的无规则运动会更加剧烈。

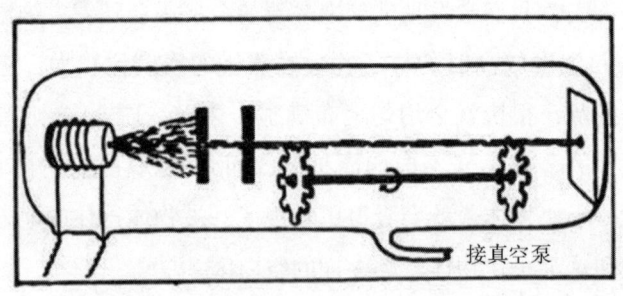

图 45

四、原子摄影术

俗话说"眼见为实"。要是能亲眼看到分子和原子，那么上述证明不是更有说服力了吗？英国物理学家布拉格（William Lawrence Bragg）用原子摄像法和他发展的晶体内分子做到了这点。

拍摄原子可不是件容易的事，因为它太小了，甚至比所用照明光线的波长还小。即使拍到了照片，洗出来后也是模糊的。对于这一点，生物学家们深有体会，细菌的大小约为0.0001厘米，和可见光的波长差不多。想要给细菌拍出一张清晰的图片，那么就要用到紫外线了。但分子和它在晶格中的间隔非常小（大约只有0.00000001厘米），所以即使用到紫外线也是不行的。看来只有用X线了，因为X线的波长只是可见光的几千分之一。然而X线还有一个特点：穿透力特别强大。这个特点用在医学上非常合适，可以用来检查人体内部情况。然而要是用在拍照上，任何镜头都不会使X线聚焦的。

问题似乎又陷入了僵局，但布拉格却根据阿贝①（Ernst Abbé）提出的显

---

① 阿贝（1840—1905年），德国科学家。——编译者注

微镜的数学理论找到了一个好方法。在阿贝看来，通过显微镜看到的像可以认为是单图叠加形成的，每个单图又是在视场内成一定角度的平行暗带。例如图46中，4个单独的暗带图样叠加就形成了一个中央明亮、背景黑暗的椭圆。

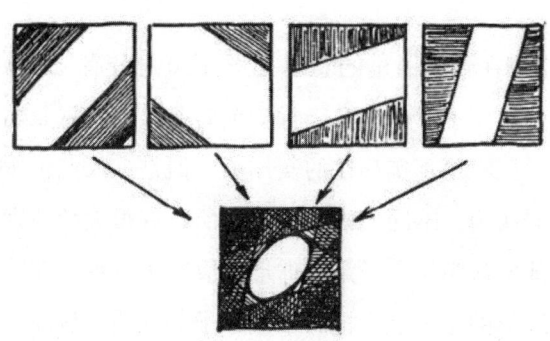

图 46

按阿贝的理论，显微镜的聚焦过程分为三步：①把原图像分解成无数单独暗带图样；②把所有图样都放大；③叠加得到的图样。

没有任何X线透镜能够自动完成上述三步，所以我们要分步进行：先给晶体拍摄大量独立的X线暗带图样，再把这些图样叠印在一张感光片上。这个过程很复杂，即使是技术熟练的人也要花上几个小时。所以，用布拉格的方法只能拍摄"不动"的晶体，对于那些到处乱撞的液体和气体分子就无能为力了。

虽然用这个方法也不是很方便，但最终会得到完美的照片，这种不方便是由于技术原因造成的。在本书最后有一张图版 I，这是六甲苯的照片，拍摄时用的就是布拉格的方法。化学家是这样对它进行描述的：

碳环由6个碳原子构成，照片上清楚地显现出它们和与它们连接的另外6个碳原子，氢原子感光微弱，很难看出来。

看了这张照片之后，那些怀疑分子和原子存在的人应该会改变他原来的想法了吧。

五、把原子劈开

"原子"这个词在希腊语里的意思是"不可再分者",即最小的微粒,再也不能分割了。当时原子只是存在于哲学范畴或人们的想象之中,经过几千年的发展,原子已被证实是真实存在的实体了。但是,人们仍然认为原子是不可分割的。从前人们认为,不同元素的性质之所以有很大的差别,只因为原子的形状不同。例如他们认为氢原子是圆球形,氧原子是中间凹陷的圆形,钾原子和钠原子是橄榄球形的。于是,把两个氢原子分别放在氧原子两侧,就会成为水分子（H_2O）。氢之所以会被钾或钠置换出水分子,是因为它们的原子形状比氢原子的形状更适合氧原子中心的凹陷（如图47所示）。

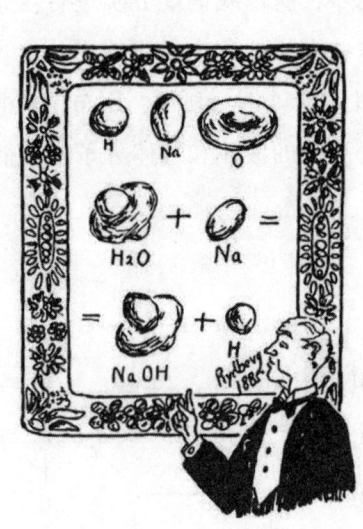 

图47 右下角写的是"里德伯,1885年"　图48 右下角写的是"汤姆孙,1904年"

至于不同元素为什么会发出不同的光谱,他们的解释是,由于原子形状的不同导致振动频率也不同。在此基础上,科学家们希望采取测量光谱的方法来测出原子的形状,但他们都失败了。科学家们想用原子的形状来对原子的性质进行解释，始终没有什么突破性的发现。后来人们意识到原子不同于形状简单的几何物体，而是有着复杂结构的，这才开始了探索原子性质之旅。

第一个用"刀"切开原子的科学家是汤姆孙（Joseph John Thomson）。他认为，原子里包含着带正电和带负电的两部分，由于电荷是相吸的，所以这些部分结合在一起。他又继续设想，原子可能如图48所示那样，由带正电的正电体和带负电的微粒组成，他把带负电的微粒称为"电子"。由于正电体和带负电的微粒电荷数一样多，所以原子是不显电性的。然而电子并不是被紧紧地束缚住的，有些电子会分离出去，把带正电的部分（变成正离子）留下；也会有一些电子跑进来，因而多了一些负电荷（叫作负离子）。这个过程叫作"电离"。按照法拉第[①]（Michael Faraday）的观点，原子带的电荷除以静电单位电量（5.77×10^{-10}）的结果一定是整数，汤姆孙把法拉第的理论又向前推进了。他还找到了获得原子中的电子的方法，又研究了高速飞行状态下的自由电子束，从而证明了电子是粒子。

在对自由电子束进行研究的时候，汤姆孙取得的另一个重要成果是测出了电子的质量。如图49所示，他让强电场从热的电阻丝中拉出一束电子，并让这束电子通过两块充电电容器的极板。由于电子是带负电的，所以电子束通过的时候会被带负电的极板排斥，同时被带正电的极板吸引，进而发生偏离。

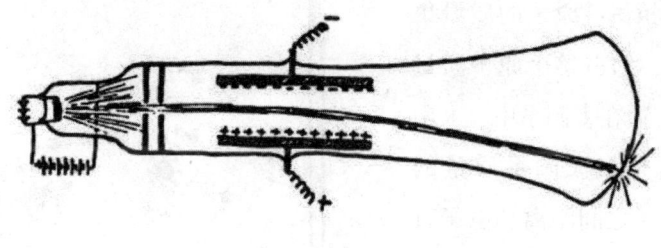

图49

通过电子的电量、偏离距离和电场强度，汤姆孙计算出电子的质量。这个值很小，大约相当于氢原子质量的1/1 840。这意味着，带正电的部分集中了原子的主要质量。

[①] 法拉第（1791—1867年），英国物理学家和化学家。——编译者注

从一到无穷大

虽然汤姆孙认为原子内有负电子群是正确的,但他同时又认为原子里的正电是均匀分布的就不对了。在1911年,卢瑟福(Ernest Rutherford)证明,原子正中心那个极小的原子核才是原子大部分质量和正电荷集中的地方,他是在做了α粒子穿过物体时发生散射这个实验后得出上述结论的。α粒子非常微小,但速度极快,它是由一些不稳定元素的原子衰变时释放出来的。实验结果表明,α粒子和原子的质量差不多,而且带正电,所以它原来肯定是原子中带正电部分的碎块。穿过原子后,α粒子会被原子中的正电部分排斥并被电子吸引。然而电子很轻,它对α粒子的影响还不如一只蚊子对一头大象的影响大。另外,带正电的α粒子在原子中受质量很大的正电体排斥力的作用,会偏离原来的方向而向不同的方向散射。

卢瑟福在研究α粒子穿过薄铝箔的实验中得出了一个让人难以置信的结论,只有假设α粒子之间和原子的正电部分的距离小于原子直径的千分之一时,才能解释观察到的现象;但只有原子的正电部分和α粒子都只是原子本身千分之一时才说得通。所以,汤姆孙的原子模型就被卢瑟福推翻了。之前人们认为原子就像一个西瓜,电子像西瓜子;现在人们知道了,原子就像太阳系,原子核是太阳,电子是其他行星(如图50所示)。

下列数据更能说明原子跟太阳系的惊人相似:原子的质量集中于原子核,约占整个原子质量的99.97%,而在太阳系中,太阳的质量约占整个太阳系质量的99.87%。电子之间距离和电子直径的比值达数千倍,这也是行星直径和行星距离的比值。此外,原子核和电子、太阳和行星之间的吸引力都遵照平方反比的规律①。因此,电子围着原子运行

图50 图中左下角的签名是"卢瑟福,1911年"

---

① 两物体间的引力大小与两物体间距离的引方成反比。

的轨道也和行星围着太阳运行的轨道一样——都是圆形或椭圆形的。

根据上述说法，我们把围绕原子核运行的电子数目不同作为不同元素原子不同的原因。因为原子不显电性，所以原子核的正电荷数又决定了电子的数量。通过α粒子被原子核带的正电荷影响而偏离的路径，可以算出正电荷的数量。卢瑟福还证明，按照原子质量把元素按照递增的顺序排列后，电子数量都比前一种元素增加1个。氢原子、氦原子、锂原子的电子数分别是1，2，3个。最重的天然元素是铀，它的电子数是92个[①]。

这些数字被称为"原子序数"，它代表的元素在按照化学性质分类的元素表中处于第几位，这个数字就是几。所以，可以用电子数来表示任意一种元素的性质。

19世纪末，门捷列夫（D. Mendeleyev）发现，元素的化学性质具有周期性，这种周期性如图51所示。在这条螺旋形的带子上，列出了所有的已知元素，性质相近的元素在同一列。在第一组里只有氢和氦两种元素；在后面的两组里，每组元素的数量为8个。接下来元素的化学性质就是每18个重复一次。前面我们说，序列每增加1个，电子数也随之增加1个。所以我们可以说，这种周期性是由于"电子壳层"（某种稳定的电子结构）重复出现导致的。通过观察图51我们还知道，镧系和锕系把这种周期性打乱了，以致正常的环状面多出两块。之所以会出现这种情况，是因为它们的电子壳层结构发生了变化。

这些元素的原子组成了化合物的分子，原子之间的结合力如何呢？通过原子结构图，我们就能解决这个问题了。例如，氯原子和钠原子结合成食盐分子。如图52所示，这是氯原子和钠原子的电子壳层结构示意图。氯原子的第三个电子壳层还缺一个，钠原子的第二个壳层已经饱和，但多了一个电子。所以，多余的电子一定会跑到缺少电子的地方。由于电子补充和转移，氯原子得到一个电子带负电，钠原子失去一个电子带正电，它们相互吸引就组成了氯化钠分子，即食盐分子。同样的道理，氢原子和氧原子就结合成了水分子（H_2O）。但氢原子和钠原子、氧原子和氯原子之间就不会结合，因为它们之间不会发生电子的转移。

[①] 下一章我们会讲到一些人工制造的复杂原子，其中有一种人造元素钚（Pu），它的电子数是94个。

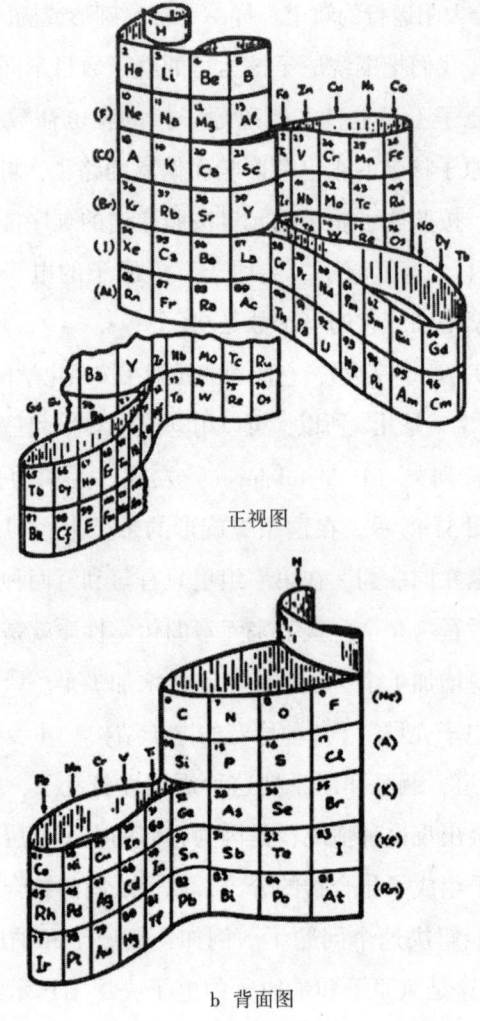

正视图

b 背面图

图 51

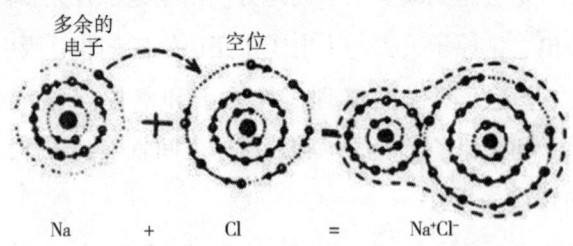

图 52 氯原子和钠原子结合成氯化钠分子

有些元素如氦、氖、氩、氙原子，电子壳层已经很完备了，它们不接受也不释放电子，这些稀有气体又叫"惰性气体"。

此外，电子在金属物质中还起着很重要的作用。在金属物质中，最外层的电子由于受到的束缚比较小，因此可以自由移动。如果我们给金属施加电压，这些电子就会随着电压的方向移动，形成电流。这些自由电子也是物质导热性的决定因素，这些内容我们以后再进行详细讨论。

六、微观力学和测不准原理

前面我们说过，原子和太阳系很像，因此人们认为原子内部的运动规律也受天文学定律的支配。尤其是万有引力的定律很像静电引力，即这两种力的大小都和距离的平方成反比。这更让人认为，电子会如图 53 a 那样围着原子核做椭圆形运动。

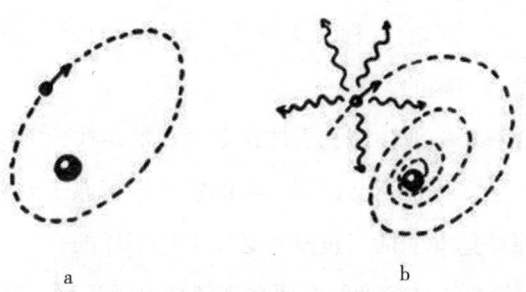

图 53

但是，当我们企图把原子内部的运动变得像行星运动一样稳固时，就造成了巨大的灾难。于是有人开始怀疑物理学是不科学的，或者物理学家的脑子有毛病。最根本的原因是电子带电而行星不带电，于是电子在运动的过程中会产生电磁辐射。随着辐射，电子的能量逐渐减小，于是电子就会如图 53 b 那样接近原子，直到最后因动能耗光而掉在原子核上。根据电子的旋转频率和带电量，可算出这个过程不到百分之一微秒。

于是科学家们断言，这种类似行星的结构不会存在太久，它刚刚形成就会立刻瓦解。但实验结果表明，原子系统很稳定，电子总是围着原子核转动，能量不会

从一到无穷大

失去，更别说灭亡了。力学上的定理用在电子上竟然不适用了，这是为什么呢？

我们还是先得回到科学的本质上，科学是什么？如何理解"科学地解释自然现象"这个说法呢？举一个简单的例子：在古人看来，大地是平的。当时的人很难对这个观点提出质疑，因为在他们眼中，除了远处的山峰和深谷，大地确实是平的。这是因为他们是站在大地上的某个点观察的，如果观察点设置在能够观测到的界限之外就不同了。在研究出月食只是地球在月亮上的影子、麦哲伦①乘船成功环绕世界后，人们才知道原来的结论是不对的。由于我们只能看到地球的一小部分，所以才会认为它是平的。同样，人们认为宇宙是平坦无边的，但事实上宇宙可能是弯曲有限的。

这些和电子运动不符合力学定律有什么关系？当然有！在研究之前我们假设天体运动力学、物体运动力学和原子内部的力学都遵守一个共同的规律，所以在描述它们的时候可以采用相同的术语。但实际上，力学的定律是建立在人们对常见物体进行研究的基础上的。后来有人把力学定律用在天体运动上，结果发现也能计算天体运动的规律，天体力学就是这样产生的。从这个角度来看，这个推测是没有问题的。

然而这些适合解释一般物体和天体运动规律的定律，能够适用于极其微小的电子运动吗？当然，谁也不会说用力学的定律解释原子运动一定会失败。但要真不适合解释原子运动的话，也没有必要大惊小怪的。

用在天文学上解释天体运动的东西拿来解释电子运动，结果肯定会有偏差。所以我们先要考虑是不是该把古典力学的定理改变一下，然后再用到电子上去。

运动质点运行的轨迹和运行速度是古典力学的基本概念。旧观念认为，运动的物质微粒所处的空间位置是确定的，不同的位置可以连成一条连续不断的线，即轨迹。这个定理一直被人们奉为圭臬，成为描述一切物体运动的基本概念。如果已知物体在空间内运行的距离和时间，就可以得出它的运动速度。在速度和位置概念的基础上，古典力学建立起来了。

但是，在描述微小的原子时，古典力学就不适用了。于是人们意识到可能

---

① 麦哲伦（1480—1521 年），葡萄牙航海家，人类历史上首次进行环球航行的航海家。

出现了错误，之所以会出现错误，根源就在古典力学的基础之上。对于原子来说，运动物体的某时刻速度和连续轨迹这两个概念有些粗糙。也就是说，必须对古典力学进行改造，才能使它适合微观世界。并且，假如古典力学不能用在原子世界中，那么它在反映较大物体运动状况的时候也不一定是完全正确的。所以我们说，古典力学的原则只是近似于真实情况，若把这种近似迁移到新的、精细的系统就可能失败。

在研究原子系统力学运动的基础上，人们建立了量子力学，为科学奠定了新基础。建立量子力学和一个新发现有关，即在两个不同物体间的各种可能的相互作用都有一个下限。于是，古典的"轨迹"概念被推翻。实际上，即使我们用某种仪器记下物体运动的路线，确定该物体在运动时遵照特定的轨迹进行，这时仍然要注意的是，我们在记录的时候难免会对物体产生干扰。因为如果运动物体对仪器发生作用并使仪器记录下数据，那么仪器也会对物体有一个反作用。如果我们能制作出既对物体运动不产生实际影响，又对它非常敏感的仪器就好了。

然而形势发生了变化，因为物理相互作用下限的存在，仪器对物体的影响不能任意减小，所以，由于观察物体运动而对物体运动产生的影响就成了运动的重要组成部分。因此我们在表示轨迹的时候，需要用新力学的有一定厚度的"宽松带子"来代替古典力学的"无限细"的数学曲线。

物体间相互作用的这个下限习惯上被称为量子，它的数值非常小，只适用于研究极小的物体。所以，即使子弹打出去后的运行轨迹不是数学意义上的清晰曲线，但这一轨道的粗细在数学上来讲，要比子弹里的原子"直径"小很多，甚至可以把这一轨度的粗细当成零。然而那些相对子弹而言的极小物体在运动时极易被观察仪器影响，所以轨迹的"直径"显得尤为重要。例如电子围绕原子核运行轨迹的直径和原子的大少相差无几，所以必须用图 54 来表达。由于它的速度和位置都具有测不准性［海森伯①（Werner Karl Heisenberg）的测不准原理和玻尔②（Niels Henrik David Bohr）的并协原理］，因此古典力学的术语就不适用了。

这个发现给物理学带来很大冲击，之前那些如运动粒子的轨迹、准确速度、

---

① 海森伯（1901—1976 年），德国理论物理学家。
② 玻尔（1885—1962 年），丹麦物理学家。

精确位置、轨迹等概念全部被推翻。既然过去的法则已不适用，那么我们要从哪里开始呢？该用什么样的数学公式才能满足量子物理学对位置、速度、能量等物理量测不准性的要求呢？

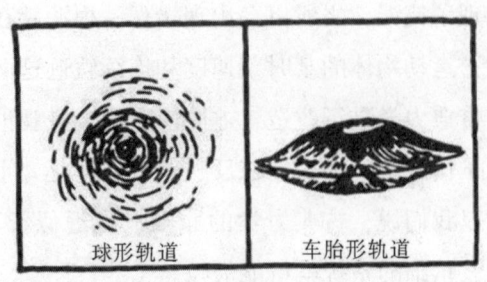

图 54　原子内电子运动的微观力学图景

通过研究一个类似的古典光学问题，我们能够找到答案。众所周知，光在均匀介质转中是按直线传播的，这个定理能解释大多数光学现象。如图 55 a，55 b，55 c 所示，不透明物体留下阴影、镜面成像、透镜聚焦等问题，都能用光的反射或折射等定理解释。

有时会出现这样的情况，即光的波长和光路的几何宽度可相比拟，这时再用几何光学方法表示光的传播就不合适了。我们把这种现象称为"衍射"。如图 55 d 所示，一束光从一个直径只有 0.000 1 厘米左右的小孔通过后，光线前进的线路就不是笔直的了。如图 55 e 所示，在一面镜子上画上多条平行线，做成"衍射光栅"，如果有光照上去，光就会被抛向不同的方向，入射光线的波长和镜面上的线条距离是光线被抛向何处的决定因素。此外，如图 55 f 所示，用光线照射水面上的油层，光线会反射成特殊的或明或暗的条纹。

在这些时候，"光线"的概念已不能解释发生的现象，所以要用光可以在光学系统所在空间中的连续分布概念来代替。

显然，光线概念无法解释衍射现象，如同轨迹概念无法解释量子物理学中的一些现象。量子力学原理也不允许无限细的物体运动轨迹存在，光学中也不允许无限细的光束存在。所以，还要设定空间中存在连续分布的"某种东西"。在光学中，光在各点的振动强度就是"某种东西"；对于力学而言，这种"东西"就是"测不准原理"这一新的概念。按这种概念，运动微粒在任一给定时刻，不是处于可事先预定的某一点上，而是处在可能的几个位置中的任何一个位置上。我们不能确定运动微粒何时处在何处，而只能依据"测不准原理"给出其运动范围。研究光的衍射的学问叫作波动光学，它的定律和波动力学［又称微观力学，它由德布罗意① (Louis Victor de Broglie) 和薛定谔② (Erwin Schrödinger) 发展，研究内容是微小粒子的运动］的定律很像，通过实验就能清楚地说明这点。

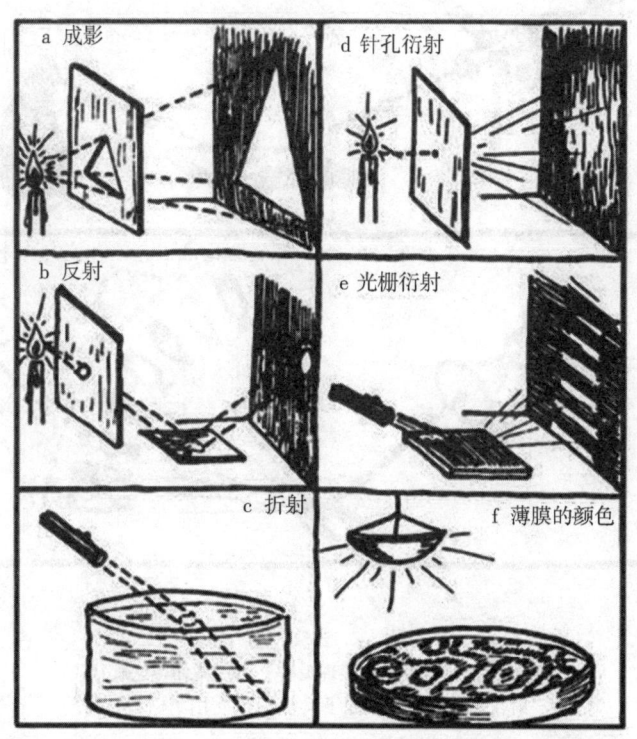

图55　左边3个图可以用光线来解释，右边3个图则无法用光线解释

如图56所示，这个装置是斯特恩研究原子衍射时用到的，一束钠原子被晶体的表面反射。原子层在晶格中有规则地排列，于是起到了类似光栅的作用，入射的微粒束发生了衍射，斯特恩用一些按不同角度安放的小瓶收集晶体表面反射后的入射微粒。图中我们用点画线表示实验结果，结果表明钠原子向多个方向反射，并且在一定角度内形成一个类似X线衍射图样的分布。

如果我们用新兴的微观力学而不是用古典力学观点来理解，即将微粒的运

---

① 德布罗意（1892—1987年），法国物理学家。——编译者注
② 薛定谔（1887—1961年），奥地利物理学家。——编译者注

动当成和现代光学中光波的传播相同的学科，这类实验就容易解释清楚了。

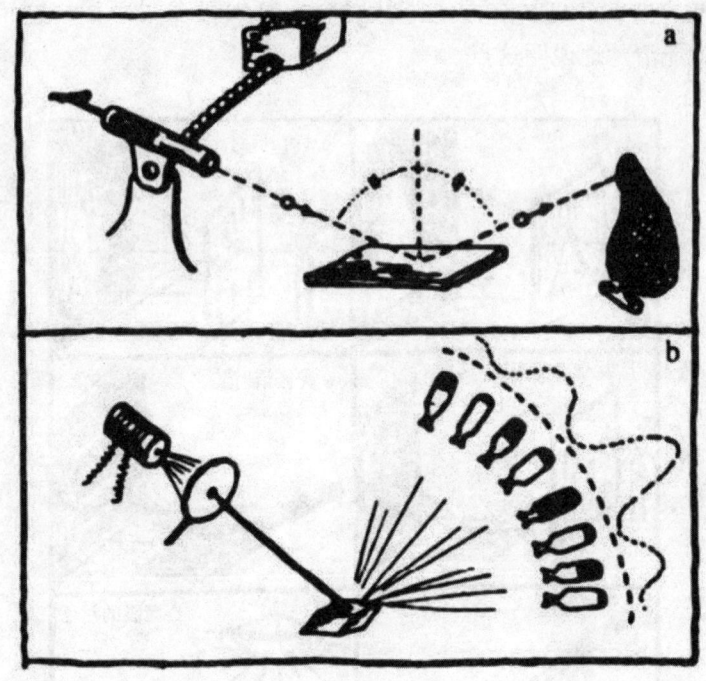

图 56
a. 射到金属平板上的滚珠反弹，可用抛体说法解释；
b. 射在晶体表面的钠原子反射，不能用抛体说法解释

第七章 现代炼金术

一、基本粒子

我们已知原子是由原子核和核外电子组成的,那么原子核可不可以继续分割下去呢?92种原子可以简化为几种微粒吗?

英国化学家波路特(William Prout)在19世纪提出了简化的想法,他认为所有元素的原子有着共同的本质,即所有的元素都是氢原子按照不同程度集中而成。他的理由是各种元素的原子质量除以氢的原子质量后几乎都是整数。因此,质量是氢原子质量16倍的氧原子,一定是16个氢原子聚集在一起;质量是氢原子质量127倍的碘原子,一定是127个氢原子聚集在一起。

然而当时的科学家们反对这个看法,因为测量结果表明,大多数元素的原子质量只是接近氢元素质量的整数倍,而且还有一些不是接近的(如氯,它的相对原子质量是35.5)。所以,波路特直到去世也不知道自己是多么的正确。

英国物理学家阿斯顿(Aston)在1919年才让这个假设获得生机。他认为,两种氯元素混合在一起称为氯,尽管它们有着相同的化学性质,但它们的相对原子质量不相同,分别是35和37。之前认为的35.5是它们的平均值[①]。

进一步研究表明,大多数元素是混合物,它们是由若干个质量不同、性质相同的成分组成的。人们把它们称为"同位素",即在元素周期表中处于同一位置。结果表明,同位素的质量是氢原子质量的整数倍,于是波路特的假设又

---

① 这个数值是这样得出的:较重和较轻的氯元素成分分别占25%和75%。平均原子量为 $0.25 \times 37 + 0.75 \times 35 = 35.5$。

被提起。因为原子核集中了原子的主要质量,所以波路特的假设可以这样说:不同的原子核是由不同数量的氢原子核组成。由于氢核在物质的结构中有着非常重要的作用,所以用"质子"专门称呼它。

然而我们要对上述内容进行修改。例如在元素周期表中排在第八的氧,它的原子包含 8 个电子,因此它的原子核相应地要包括 8 个正电荷。然而氧原子的质量是氢原子的 16 倍。假设氧原子核有 16 个质子,虽然质量符合了,但电荷数也是 16;假设它有 8 个质子,虽然电荷数符合了,但质量都是 8 了。

为了解决这个问题,科学家们提出假设:有些质子由于失去正电荷而变成中性的粒子。后来人们把这些没有电荷的质子称为"中子",早在 1920 年,卢瑟福就预言它的存在,但又过了十几年这个预言才被实验证实。需要注意的是,质子和中子不是截然不同的,而是同一种粒子——"核子",只是带电状态不同。而且,中子在获得正电荷后可以变成质子,质子失去正电荷后也可以变成中子。

由于有了中子,前面的问题就得到了解决。如可以假设氧原子核由 8 个中子和 8 个质子组成;碘原子核(原子序数为 53,相对原子质量为 127)由 74 个中子和 53 个质子组成;重元素铀(原子序数为 92,相对原子质量为 238)由 146 个中子和 92 个质子组成[①]。

在经过了漫长的一个世纪后,波路特的假设终于被成功证明。现在人们知道了,所有物质都是两类基本物质的不同结合。即如图 57 所示的两类物质:一是既可不带电,也可带一个正电荷的核子;二是带负电的、自由的电子。

如果宇宙是一间厨房,食材是核子和电子,那么下面就是用这些材料做出一道道菜——物质的过程。

水 以 8 个带电核子和 8 个中性核子为核心,外部再添加 8 个电子形成氧原子。用一个电子加上一个带电核子,做出氢原子。按照这个方法做出一批氧原子和氢原子,但氧原子的数量要是氢原子数量的 2 倍。把它们结合成水分子,水就做出来了。

---

① 通过观察原子量表可知,表中前面的元素的原子核里,质子和中子等量,原子量是原子序数的两倍;在后面的重元素中,质子数小于中子数,原子量增加得比较快。

食盐　以11个带电核子和12个中性核子为核心，外部再添加11个电子形成钠原子；再以17个带电核子和18个（或20个）中性核子为核心，外部再添加17个电子形成氯原子的两种同位素。做出同等数量的钠原子和氯原子后，在立体空间内间隔摆放，食盐就做出来了。

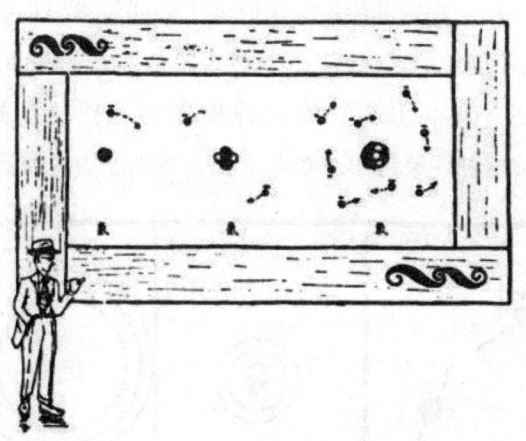

图57

梯恩梯（TNT）[①]　由6个带电核子和6个中性核子组成原子核，外部再添加6个电子形成碳原子；由7个带电核子和7个中性核子组成原子核，外部再添加7个电子形成氮原子；同时再做出氢原子和氧原子。拿出6个碳原子做出一个环，把第7个接在环外。先把3个氮原子接在碳环的3个原子上，同时在氮原子上再接一对氧原子。把3个氢原子接在第7个碳原子上。碳环中还剩下两个碳原子，再分别给它们接上一个氢原子。我们把这些结合后的微粒压在一起，梯恩梯就做出来了。但这个结构不是很稳定，如果操作不慎就会发生爆炸。

虽然用中子、质子和带负电的电子可以组成任何物质，但似乎还少了点什么。既然有带负电的负电子，为什么没有正电子呢？而且，中子得到正电荷后可以变为质子，那么它不能因为得到负电荷后变为负质子吗？

结论是：的确有正电子，它和负电子的区别只是带电符号相反。负质子也

[①]　梯恩梯（TNT，三硝基甲苯），即黄色火药。

有存在的可能，只是没有被证实①。

由于一正一负的两个电荷会互相抵消，正电子和负质子就处于这种"水火不容"状态，所以它们的数量比负电子和正质子少。当正电子与负电子结合后，它们的电荷就会抵消，两个电子一起"湮没"。在电子相遇的地方，会产生强烈的电磁辐射（γ射线），辐射的能量等于原电子的能量。根据能量守恒定律，能量既不能创造，又不能被消灭。所以，这种现象是自由电荷的静电能变成了辐射波的电动能。玻恩（Max Born）称这种现象为"狂热的婚姻"②，而布朗（T. B. Brown）则称这种现象为"双双自杀"③。图58a描述的就是这种情况。

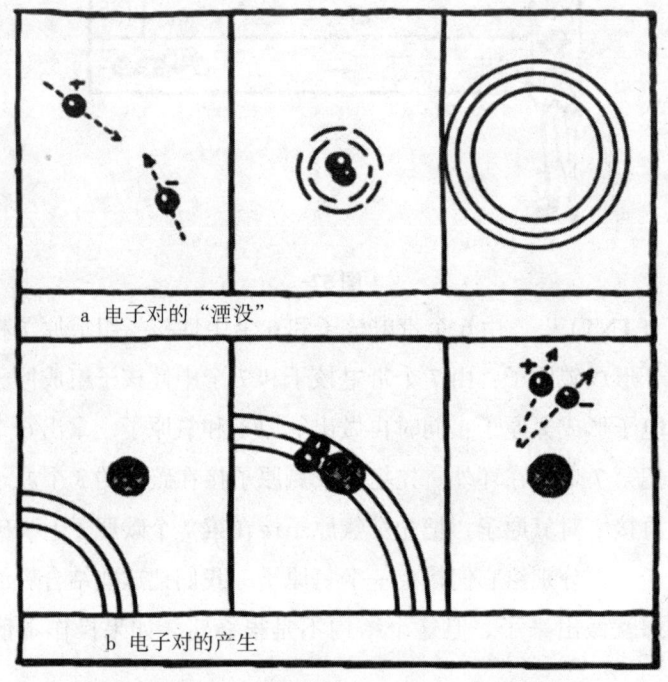

图58　电子对"湮没"产生电磁波和电磁波经过原子核附近时产生电子对的过程

与电子对"湮没"过程相反，γ射线也会产生一个正电子和一个负电子。

---

① 负质子的存在已于1956年由实验证实。——编译者注
② 参阅 M. Born. *Atomic Physics*（G. E. Stechert & Co., New York, 1935）。
③ 参阅 T. B. Brown. *Modern Physics*（John Wiley & Sons, New, York, 1940）。

第七章 现代炼金术

如图58 b所示,入射辐射从原子核旁经过时会产生电子对①,同样,电子对产生时消耗的能量和电子对湮没时释放的能量相等。即使两个地方没有电荷,但在一定的条件下也会产生电荷,例如用毛皮摩擦橡胶棒就会让这两个物体带上相反的电荷。这没什么奇怪的,在能量足够的情况下,我们就可以得到电子。但它们会很快消失,这是因为"湮没",原来得到多少能量,消失后又会放出同样多的能量。

高能粒子从星际空间射到大气层形成"宇宙线簇射",这时也会产生电子对。虽然我们不知道这些粒子是从什么地方来的②,但我们已经知道它们高速冲击大气层后会发生什么。当它们经过大气层各种气体原子的原子核附近时,其自身蕴含的能量变成γ射线放出,由此产生大量的电子对。最初的电子和新产生的正、负电子继续前进,这些新的正、负电子也有巨大的能量,并且也会释放出γ射线,导致更多的新电子对产生。这个连续倍增的过程在大气层中重复发生,最初的电子会和大量正、负电子一起到达地面。虽然这些高速粒子也会在穿进其他大物体时产生簇射,但这些物体的密度较大,所以分支过程会更加迅速(详见书后图版Ⅱ a)。

下面我们说说负质子,假设它是由中子失去一个正电荷或得到一个负电荷而产生的。当然,它不会长久存在于物质世界中。

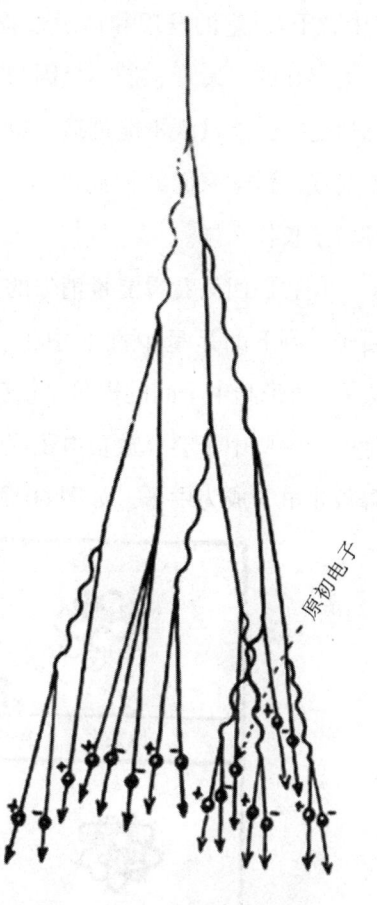

图59　宇宙射线簇射的起因

---

① 这里看来是因为原子核周围电场促使了电子对的产生,事实上在空虚的空间里也可以产生电子对。

② 其速度可达光速的99.999 999 999 999 9%。我们只能猜测它的来源,认为它是由星云的极高电势加速而产生的。

实际上带正电的原子核会立刻把它们吸收掉,从而很可能使其变成中子。所以,我们很难发现它们的踪迹,而且普通负电子的概念引进科学后近50年才发现正电子。负质子若是存在,那么反分子和反原子也是可能存在的。它们的原子核由中子和负质子组成,正电子在外面围绕。这些"反原子"和普通原子一旦相遇,就会导致比原子弹爆炸还猛烈的湮没现象产生。

还有一种不一般的基本粒子,它可以参与各类能观测的物理过程,这就是"中微子",它的发现和认识过程也很神奇。科学家们是用反证法发现这种粒子的存在的。发现它们不是因为多了些东西,而是因为少了些能量。根据能量守恒定律,能量既不能创造,也不能被消灭。所以,有些能量不知道去哪里了的时候,科学家们就据此提出了"中微子"的概念,虽然我们还没有发现这种粒子长什么样。

让我们回头看看能量消失的"案件"。原子核的核子约有一半是带正电的质子,剩下的是呈中性的中子。这时要是把一个或几个中子和质子添加进去①,质子和中子间的数量平衡就会被打破,电荷也随之调整。当中子数量占优时,一些中子会释放负电子成为质子;当质子数量占优时,一些质子会由于释放正电子成为中子。如图60所示,这就是上述两个过程。

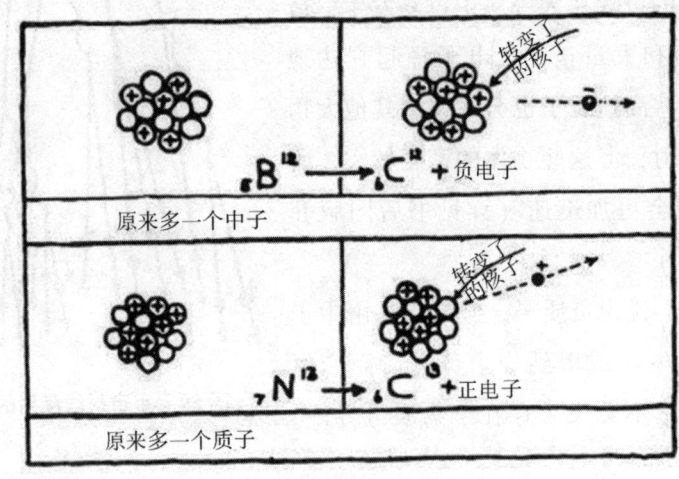

图60 负β衰变和正β衰变的示意图

---

① 可采用轰击原子核的方法,后面将提到这种方法。

β衰变是原子核内的电荷调整，在这个过程中放出的电子叫作β粒子。最初人们认为，既然是从同一种物质释放出的β粒子，那么它们的速度应该也是一样的，但实验结果和这种说法是矛盾的。实验发现，从零到某个上限，电子的动能也不等。由于没有别的粒子和辐射能让能量平衡，所以能量消失的问题变得更严重。甚至有人认为，能量守恒定律是不成立的。但也有一种可能，即消失的能量被我们看不到的粒子带走了。这个理论是泡利（Wolfgang Pauli）提出的，他把这些假设出来的质量很小而且不带电的粒子称为中微子。这种粒子不会被现有的仪器发现，可以很轻松地在任何物质中穿过相当远的距离。金属薄膜可以挡住光线，γ射线只能穿过几英寸厚的铅板，中微子就厉害得多了，它甚至能穿过几光年厚的铅墙！难怪我们观测不到它的存在，只能通过数字的差别来推测。

虽然无法捉到离开原子核的中微子，但我们可以看到它离开时产生的效果。当射击的时候，枪会向后产生作用力，大炮发射时也会产生相同的效果，这种现象在原子核发射粒子时也会伴随出现。实际上，当原子核发生β衰变的同时，它的确获得了同电子运动方向相反的速度。然而奇怪的是，如图61所示，无论射出的电子是什么样的速度，原子核的反冲速度都相同。奥秘的关键在于，在射出电子的同时也会送出一个中微子，从而使能量平衡。如果电子射出的速度很慢、能量比较小，中微子就快些、能量大些，反之也是如此。

下面是对前面内容的总结。

首先是核子。已知的核子都是带正电或中性的，但不排除存在带负电核子的可能性。

其次是电子。它们是带正电或带负电的自由电荷。

再次是中微子。它不带电荷，大概比电子轻得多。

最后还有在空间中传播电磁力的电磁波。

它们相互依赖，相互结合，关系如下：

中子→质子＋负电子＋中微子，质子→中子＋正电子＋中微子；正电子＋负电子→辐射，辐射→正电子＋负电子。

此外，电子和中微子结合为不稳定的粒子——介子：

中微子 + 正电子→正介子，中微子 + 负电子→负介子，中微子 + 正电子 + 负电子→中性介子。

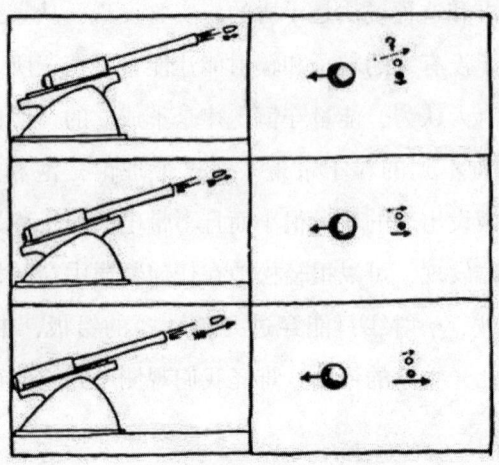

图61 大炮和核物理的反冲问题

中微子和电子有较大的内能，所以它们结合后的质量要比各自的质量相加还要大上百倍。

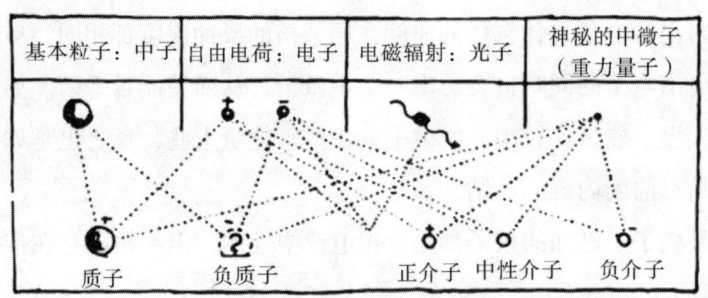

图62 现代物理学中的基本粒子及其各种组合

难道结束了吗？这些基本粒子不能再分了吗？之前人们一直认为原子是不可分的，但现在我们都知道原子是多么复杂了。对于上述问题，我们可以说：

虽然不知道科学会发展成什么样，但这些粒子确实不能继续分下去了①。因为这些粒子已经是最简单的了，而且再分下去的话，万物就会变成虚无的了。

二、原子的心脏

原子核被称为"原子的心脏"，下面我们就对它进行研究。原子的外层结构是一个与行星系统很有些相似的微小系统，但在原子核内部又是另一种情况了。首先要知道的是，使原子核保持整体的力不会是静电力，因为原子核里的质子带正电，中子不带电，它们会互相排斥。然而想要粒子群处于稳定的状态，只有排斥力是不行的。

所以要设想存在另一种吸引力，不管是带电的粒子还是不带电的粒子，它们之间都存在这种力，我们称这种力为"内聚力"。在很多地方可以找到这种力，例如在水中，这种力的作用就是防止水分子向周围各个方向分散。

在内聚力的作用下，原子核内部不会因受到排斥力而支离破碎，反而会紧紧挨在一起。与之不同的是，各种电子却能自由活动。作者本人（即本书作者乔治·伽莫夫）首先提出，在原子核内部，物质的结构类似于普通液体。在液体中，内部的粒子受到来自周围粒子各个方向拉动的力，这些拉动的力大小相等，在液体表面的粒子则只受到液体内部的拉力——这就是液体表面张力的产生原理。同样，原子核也跟液体一样，也具有表面张力。

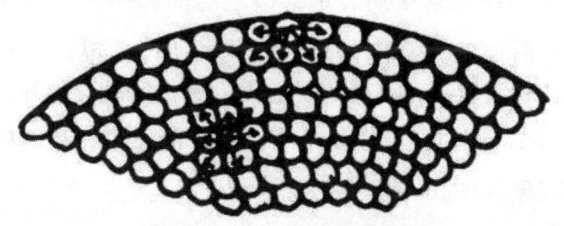

图63　液体的表面张力的示意图

---

① 这是作者写这部书时科学家们的普遍看法。然而作者1968年去世后，后来的很多实验表明，还有更小的粒子——夸克。按照性质夸克可分为下夸克（d）、上夸克（u）、奇夸克（s）、粲夸克（c）、底夸克（b）和顶夸克（t）。本书中再出现核子是基本粒子的说法时，我们就不一一标注了。——编译者注

在表面张力的作用下，不受外力的液滴呈球形，因为球体在相同体积的几何体中表面积最小。因此，可以把不同元素的原子核看成同一类"核液体"组成的液滴。需要注意的是，尽管二者表面上看起来很像，但在定量上却有很大差异。因为核液体的密度比水的密度大 240 000 000 000 000 倍，表面张力甚至比水大 1 000 000 000 000 000 000 倍。我们可以用一个例子来解释：如图 64 所示，用金属丝弯成大约 2 英寸见方的倒 U 字形框架，下边横搭一根直丝。把肥皂膜填充进框内，横丝会被肥皂膜的表面张力上拉。为平衡张力，可以把一个重物挂在丝下。当使用普通的肥皂水时，厚度为 0.01 毫米时自重约 1/4 克，支持的重物约为 3/4 克。

如果把肥皂水换成核液体薄膜，那么薄膜本身的质量会达到 5 000 万吨，横丝上则可以悬挂 1 万亿吨！这要多么强大的肺活量，才能吹出一个"核液体气泡"啊！

不要忘记一点：原子核是带电的。于是原子核内部就存在着两种力：核内带电部分的斥力和使核子集中的张力，它们是相反的。当斥力占优的时候，原子核就会被分成数块而高速分离（发生裂变）；当张力占优的时候，两个相遇的原子核就会像两滴液体一样聚合（发生聚变）。

1939 年，玻尔和威勒（John Archibald Wheeler）解答了不同元素原子核的静电斥力和表面张力平衡问题，他们计算的结果是：在元素周期表里，银之前的那一半元素是张力占优，后面的元素则是斥力占优。所以，银

图 64

之后的元素稳定性相对较差，在受到足够大的轰击后就会裂开，从而释放出很大的核能（图 65 b）。同时，总质量小于银原子的原子核相遇后，在一定条件下会产生聚变的现象（图 65 a）。

值得庆幸的是，无论是聚变还是裂变，都是在一定的条件下才会发生的，科学上把必须经过激发才会出现的状态叫作"亚稳态"。例如火柴、炸药等，它们都属于这种状态。不加热或不划火柴，火柴就不会燃烧；不点燃或不加热

炸药,炸药也不会爆炸。虽然我们身边的物质(银除外①)都可能引起核爆炸,但我们还活得好好的,就是因为核反应的发生条件要求有极大的激发能。

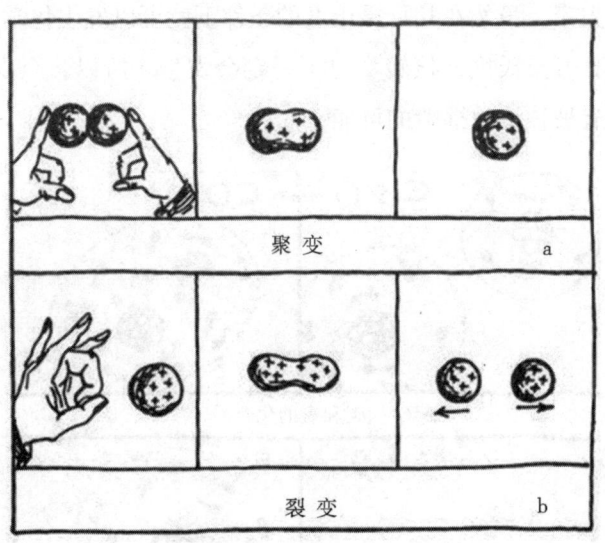

图 65

当我们战胜阻碍核反应进行的困难之后,所有努力都有了回报。例如,相同数量的氧原子和碳原子根据化学式

$$O + C \rightarrow CO + 能量$$

化合后,1 克混合物放出的能量是 920 卡②,或约 3851 焦耳③。但如图 66 所示,把这种化学的结合(分子的聚合,图 66a)换成原子核的聚合(图 66b),即

$$^{12}_{6}C + ^{16}_{8}O = ^{28}_{14}Si + 能量,$$

这时,1 克混合物放出的能量将是原来的 1 500 万倍,这一能量达到 14 000 000 000 卡。

同理,1 克梯恩梯(TNT)分子发生分子裂变,生成水分子、氮气分子、

---

① 银的原子核既不聚变也不裂变。
② 卡是热能单位,把 1 克水升 1 摄氏度所需的能量为 1 卡。
③ 焦耳为热能的国际单位,1 卡≈4.186 焦耳。以下仍保持原著中的热能单位"卡"。——编译者注

一氧化碳分子、二氧化碳分子时释放的能量约为 1 000 卡；然而同样质量的汞在核裂变时释放的能量可达 10 000 000 000 卡。

再次提醒大家，虽然在几百摄氏度的条件下就可以发生化学反应，但是即使温度达到几百万摄氏度，核转变也不一定会发生。所以，至少到目前为止，整个宇宙还没有被核爆炸摧毁的可能。

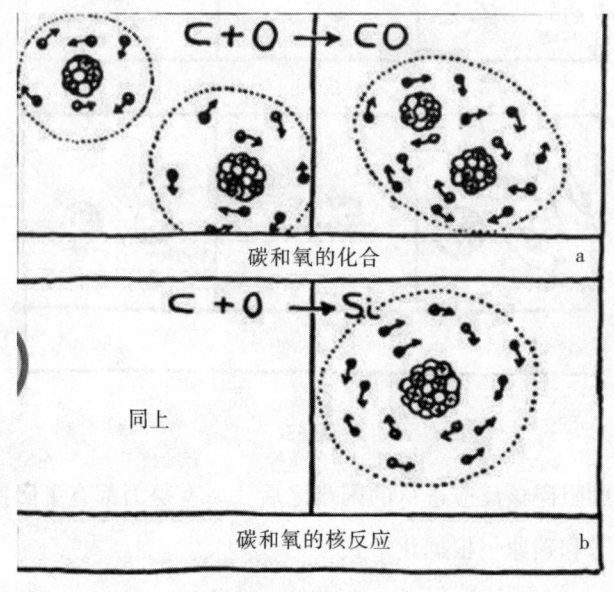

图 66

三、轰击原子

1896 年，贝可勒尔（Antoine Henri Becquerel）发现了铀的放射性，表明原子核可能被击碎。事实上，如铀和钍这类在"元素尽头"的元素之所以有很强的辐射性，就是因为这些原子在进行衰变。在仔细研究的基础上人们得出结论，在衰变中重原子可以分成两个部分：一部分变成氦的原子核，叫作 α 粒子；另一部分是原有原子核剩下的部分，同时是子元素的原子核。如铀原子核破裂后放出 α 粒子，产生子元素铀 X_1，它的内部放出两个自由的负电荷（普通电子），经过电荷调整后成为比原来的铀原子轻 4 个原子质量单位的铀同位素。这个过程不断进行，最后结束衰变的时候就变成了稳定的铅原子。

在另外两族放射性物质上也可以进行上述过程，这两族就是钍系和锕系。这 3 族元素经过衰变后，变成 3 种铅同位素。

在元素周期表中，后半部分元素的原子核很不稳定。如果你足够细心就会发现：既然它们都是不稳定的，为什么自发的衰变现象只能在铀、镭、钍等元素中发现呢？这是因为其他元素尽管可以被认为是放射性元素，但它们自发衰变的过程很难观察到。例如碘、汞等元素，它们的原子可能在长达一个世纪的时间里只分裂一两个。因此，只有对那些自发分裂趋势很强的元素才能够观测出放射性。同时，一种元素内部的分裂方式也可能不同。例如铀的原子核，它可能分成两块相等、三块相等或是许多块不等的部分。这些分裂方式中，最常见的是分裂成一个 α 粒子和一个剩余的子核。观测结果表明，铀原子核放射出一个 α 粒子的概率比自行裂成两块相等部分的概率大几百万倍。因此，在 1 克铀中每秒会发生上万个原子核放射 α 粒子的分裂，而在几分钟里才会发生一次分成两块相等部分的分裂！

放射现象有力地证明了原子核结构的复杂性，同时也开辟了人工产生（或激发）核嬗变的道路。既然这些重元素能够自行发生衰变，那么能否通过采用高速粒子轰击那些稳定的原子核的方式使其分裂呢？

在这个想法的驱使下，卢瑟福决定用不稳定放射性元素在分裂时放出的核碎块（α 粒子）去轰击稳定的元素，图 67 就是他在 1919 年做这个实验时用的仪器。这个仪器由圆筒形真空容器和一块屏幕 c 组成，屏幕上涂着薄薄的一层荧光物质。产生轰击粒子的物质是在金属片 a 上的一薄层放射性物质，被轰击的对象（当时用的是铝箔）放在 b 处。

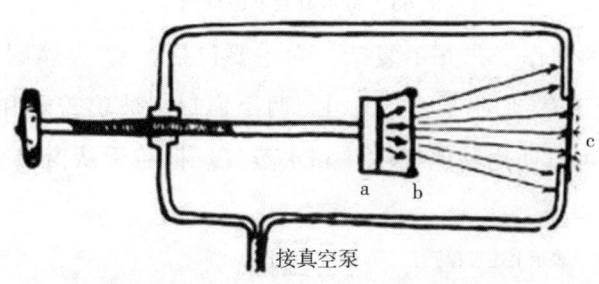

图 67　原子核是如何被首次分裂的

装置准备好后,卢瑟福开始用显微镜观察屏幕。他的眼中出现了成千上万的亮点,所有亮点都是质子撞击屏幕时产生的,而这些质子又是 α 粒子射在铝原子里撞出的"碎片"。于是,元素的人工嬗变就从理论上的可能性变成了科学上的既成事实[①]。

几十年后,人工元素嬗变飞速发展,已成为物理学的一个重要分支。无论是结果观测方面,还是轰击方法方面,都取得了很多令人瞩目的成就。

观测撞击最好用云室,因为这样可以用眼睛直接观察。云室的发明人是威尔逊,所以又称为威尔逊云室。其简图如图 68 所示,它的工作原理是这样的:带电粒子高速通过气体时,会使路线上的气体原子变形。在粒子强大的电场作用下,它们会因为失去电子而变成离子。但这种情况不会持续很久,因为离子在高速粒子通过后会重新得到电子而变回原来的样子。如果空气湿度达到一定程度,那么在粒子通过的路线上就会出现一条雾珠,就像一架飞机拖着尾烟经过天空。

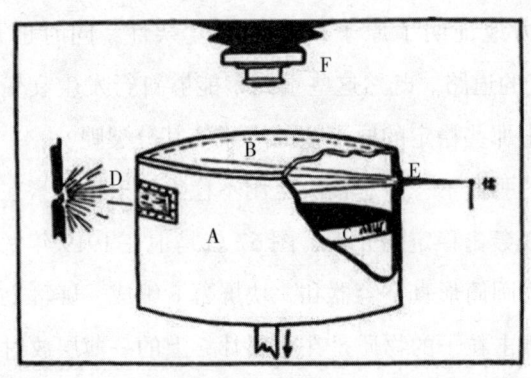

图 68 威尔逊云室原理图

这台仪器的制作工艺并不复杂,它主要包括:A. 金属圆筒;B. 玻璃盖子;C. 可上下移动的活塞;D,E. 两个窗口。玻璃盖子和活塞之间是空气(有时也可以使用其他气体)和水蒸气。把粒子从窗口 E 放进去后,

---

① 可用如下式子表示上述过程:
$^{27}_{13}Al + ^{4}_{2}He \rightarrow ^{30}_{14}Si + ^{1}_{1}H$。

使活塞猛然下降，此时活塞上部的气体会变冷，水蒸气变成细微的水珠，粒子行进的路线会出现一缕雾丝。此时强光从窗口 D 射入，加上活塞黑色背景的衬托，就会清楚地看见雾迹。如果用照相机 F 拍摄下来就能得到清晰的照片。

除此之外，人们还研究出了在强电场中加速带电粒子（离子），使之形成强大粒子束的仪器。这样一来既可以减少昂贵而稀少的放射性物质的使用，又可以增加质子等类型的粒子的使用，同时这类粒子的动能也远大于一般放射性衰变时释放出的粒子。图 69、图 70 和图 71 就是这类仪器（分别是静电发生器、回旋加速器和直线加速器）的工作原理。

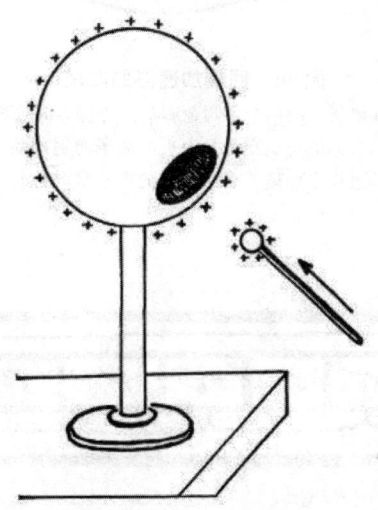

图 69　静电发生器的原理

电荷被传递到金属球后会分布在它的外表面上，所以，我们可以在金属球上挖一个小洞，让带电小导体多次伸进洞内与金属球接触，使其电压能达到所需数值。事实上，我们通常的做法是通过一根传送带把小感应起电器产生的电荷带进球内

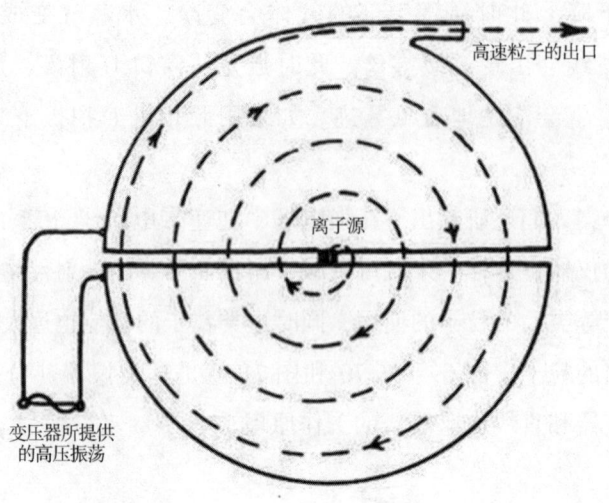

图70 回旋加速器的原理

这台仪器主要部件是放在强磁场中的两个半圆金属盒（磁场方向垂直于纸面）。由于金属盒和变压器连在一起，所以它们带的电正负交替。中央的离子源射出后，在磁场中沿半圆形路径前进，在进到另一个盒子的过程中加速。越走越快的离子呈向外扩展的螺线前进，最终高速冲出加速器

图71 直线加速器原理

这台仪器由一套长度逐渐增大的圆筒组成，变压器交替充以正负电流。离子进入下一个圆筒后，因为受到两个圆筒之间的电势差而不断加速。圆筒越长，离子的速度就越快

通过使用这些仪器，科学研究就更方便了。本书后面的图版Ⅲ和Ⅳ就是用这些仪器实验后拍摄的核嬗变照片。

这张照片是剑桥大学的布莱克特（Patrick Maynard Stuart Blackett）拍摄

的，内容是 α 粒子通过充氮的云室①。在这张图片上，轨迹的长度是一定的，因为粒子由于动能逐渐消失而归于静止。由于粒子源是钍的两种同位素（ThC 和 ThC′）的混合物，所以粒子轨迹的长度有两种。从照片上还可以看出，α 粒子的运行轨迹是笔直的，只是在粒子运行到轨迹尾部即粒子快要失去全部初始动能时，才有所改变，并因此与氮原子外正面碰撞，从而造成轨迹的明显偏析。然而还有一道特殊的轨迹，它分成一粗一细两个叉。这是因为 α 粒子和氮原子发生了碰撞，粗而短的轨迹是被撞到一边的氮原子，细而长的是被撞出的质子。由于 α 粒子附在氮原子核上运动，所以看不到其他轨迹。

图版Ⅲ b 显示的是人工加速的质子碰撞硼核的效果。从加速器出口喷出的高速质子束喷射到硼片上后，原子核的碎块四处飞散。照片上还有一个有意思的地方，这些碎块的运行轨迹每 3 个为一组（从照片上能看到两组，其中一组用箭头标出），这是因为硼原子被质子击中后会裂成 3 个同样的部分②。

图版Ⅲ a 显示的是高速氘核碰撞氘核的效果③。在这张图片里，较短的轨迹属于氚核，较长的属于质子（$_1^1H$ 核）。

中子和质子都是原子核的主要组成部分，没有中子参加反应的云室照片是很不完全的。

话虽如此，我们却无法通过云室看到中子的轨迹，这是因为中子不带电。因此，中子在前进的过程中不造成电离。当你看到枪口冒烟、天上一只鸟同时掉落，你就可以知道有一颗子弹飞出去了而不必看见子弹飞出去。同理，通过观察图版Ⅲ c 就会知道一个氮原子分裂成硼核（向上的一支）和氦核（向下的一支），也会知道某个看不见的粒子从云室的左面撞击了这个氮核。实际情

---

① 核反应式如下：
$_7^{14}N + _2^4He \rightarrow _8^{17}O + _1^1H$
（本书没有刊登这幅照片）。

② 核反应式为
$_5^{11}B + _1^1H \rightarrow _2^4He + _2^4He + _2^4He$。

③ 核反应式为：
$_1^2H + _1^2H \rightarrow _1^3H + _1^1H$。

况也是这样，云室左壁的镭和铍混合物正是快中子源①。

连接氮原子分裂的地点和中子源的直线就是中子运动的路径。

图版Ⅳ是包基尔德（Boggild）、勃劳斯特劳姆（Brostrom）、娄瑞参（Lauritsen）拍摄的铀核裂变照片。从一张粘着铀层的铝箔上，两块裂变产物按照反方向飞出。同样，我们在这张图片上看不到引起裂变发生的中子，也看不到裂变产生的中子。

虽然可以用轰击原子核的方法得到多种核嬗变，但我们要考虑一个重要的问题，那就是效率问题。需要注意的是，我们在图版Ⅲ和图版Ⅳ上看到的只是一个原子的分裂。1克硼里有55 000 000 000 000 000 000 000个硼原子，只有把它们都击碎才能全部转化为氦。现在最先进的仪器能在1秒钟内产生1 000 000 000 000 000个粒子，就算每个粒子都能把一个硼核击碎，需要的时间也会长达5500万秒，这个时间将近两年。

上述只是理想状况，事实上效率远不及此。在数千个粒子中，一般只会有一个粒子命中目标而造成裂变。之所以这么低效，是因为核外电子使带电粒子的速度减慢了。原子核被攻击的面积远远小于电子壳层被攻击的面积，而且不是每个粒子都能正好撞到原子核上，所以，粒子只有先击穿电子层才有击中原子核的可能。这个事实如图72所示，在这幅图中，黑色阴影是电子层，中间的小黑点是原子核。原子核和原子的直径之比大约是1∶10 000，所以二者被攻击到的面积比大约为1∶100 000 000。此外，每穿过一个电子层，带电粒子的能量会损耗万分之一左右。因此，带电粒子穿过1万个电子层后就没有继续前进的能量了。通过上面的数据我们可知，粒子撞到原子核上的可能性是很小的。如果把上述因素考虑进去，用目前最先进的仪器使1克硼完全嬗变至少需要两万年！

---

① 这个过程的核反应式可以表示如下：
(a) 中子的产生：$_4^9Be + _2^4He$（来自镭的α粒子）$\rightarrow _6^{12}C + _0^1n$；
(b) 中子轰击氮原子：$_7^{14}N + _0^1n \rightarrow _5^{11}B + _2^4He$。

图 72

四、核子学

"核子学"是研究怎样对大规模释放的核能量进行实际应用的科学。我们已经知道,除银以外所有元素的原子核内都包含大量的内能。重元素的内能在裂变时释放,轻元素的内能在聚变时释放。我们还知道,虽然用加速粒子轰击原子核是能够做到核嬗变的,但这种方法的效率十分低下。

造成这种结果的主要原因是带电的质子和 α 粒子进入原子后会消耗能量,进而无法击中原子核。如果用不带电的中子也很麻烦。中子若是能轻易进入原子核,那么它就不会以自由状态存在了;就算把一个中子用入射粒子从某个原子核里弄出来(如用 α 粒子轰击铍),它也会立刻被别的原子核抓住。

想要获得强大中子束,就得把原子核里的中子一个一个弄出来,但这同样是效率低下的做法。

但有一个好方法,如图 73 所示,这个方法不仅能把中子踢出来,而且还能让它不断增长。一段时间后,一个中子的"后代"数量足够攻击一大块物质中的所有原子核了。

从此以后,核物理学得到了长足的发展,大部分人都知道了这样一个事实:铀核裂变可以放出原子能,又称核能。1938 年,哈恩(Otto Hahn)和斯特拉斯曼(Fritz Strassman)发现了铀的裂变。然而裂变生成的两个差不多大小的重核并不能使核反应持续发生,因为它们各自带着和铀核原电荷一半的电荷，所以无法靠近别的原子核。由于受到旁边原子电子层的阻碍，它们的能量会慢慢消失，最后停止下来。

铀的裂变的过程之所以重要，主要是因为速度减慢后的铀核碎片能放出中子，进而能让核反应得以自行持续。

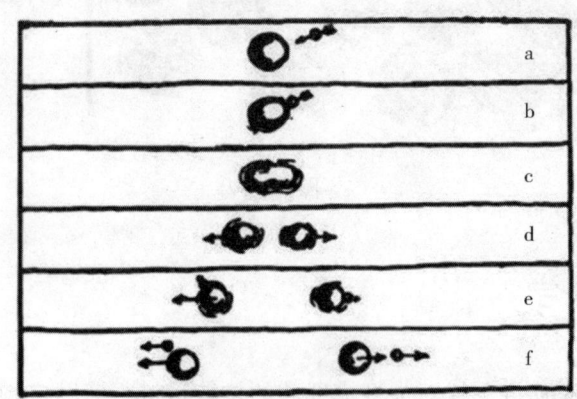

图73　裂变过程的各个阶段

重原子核裂开后会持续剧烈振动，所以才会有裂变这种特殊的缓发效应发生。虽然这种振动无法让碎片继续分裂开来，但可以扔出一些粒子。我们说的每个碎片都能产生一个中子，这只是个平均值，因为有的碎片里不会产生中子，而另一些碎片里可能产生2～3个中子。振动强度是碎块产生多少个中子的关键因素，裂变时产生的能量又决定了振动强度的大小。同时，随着原子核质量的增大，能量也随之增大。可以预料的是，周期表上原子序数越大，裂变产生的中子越多。例如金核裂变，每块产生的中子数会少于一个，铀基本能达到每块一个，钚则可能会每块不止一个。

假设有100个中子进入某物质，那么这100个中子要产生100个以上的中子才能满足连续增殖。这种情况取决于一次裂变后产生新中子数量的多少和中子使原子核发生裂变的效率。需要注意的是，尽管中子的轰击效率远高于带电粒子，但这种效率也不是百分之百的。实际上，有些中子撞上原子后，本身的动能的一小部分传给原子外，剩下的会被中子带走。所以，动能可能被几个原子消耗，但不会发生裂变。

我们根据原子核结构理论得到如下结论:裂变物质原子质量增加,中子的裂变率也会提高。越靠近周期表末端,中子的裂变率也越高,但不会达到百分之百。

下面这两个例子和中子数有关:①快中子对某元素的裂变率为35%,裂变平均产生1.6个中子[①]。可知,100个中子引起的裂变次数是35次,产生中子数为$35 \times 1.6 = 56$个。中子数会逐代减少,每一代比上一代减一半左右。②裂变率提高到65%,裂变平均产生2.2个中子。可知,100个中子引起的裂变次数是65次,产生中子数为$65 \times 2.2 = 143$个。中子数会逐代增加,每一代比上一代增加50%左右。不久之后,中子的数量就会多到足够轰击样品的所有的原子核。我们把可以产生这种反应的物质叫作裂变物质,把这种反应叫作分支链式反应。

经过认真观察和研究,我们发现,在天然元素中只有铀的轻同位素铀-235(^{235}U)能引起原子核发生分支链式反应。

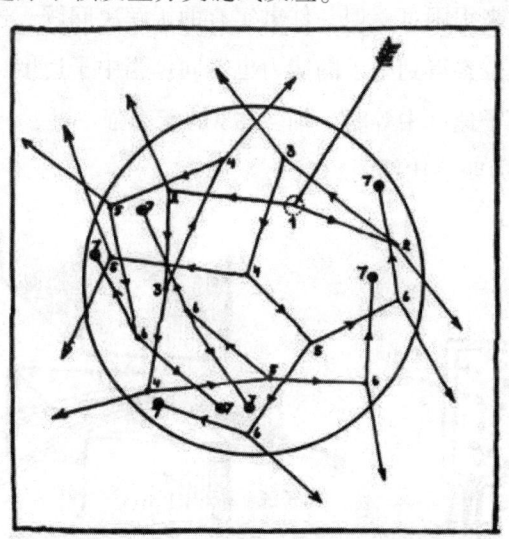

图74 球形裂变物质中发生的链式反应。即使一些中子跑掉,但中子数是增加的,最后仍会引起爆炸

---

① 这些数值是为举例方便而随意给出的。

在自然界中，铀–235 总是和铀–238 混合（两者质量分数分别为 0.7% 和 99.3%），铀–235 的纯度不够影响了铀的分支链式反应。不过，由于铀–238 并不活泼，所以铀–235 才没有因为自发的链式反应而被毁掉。想要利用铀–235 的能量有两种途径：其一是消除铀–238 的阻碍，其二是将二者分离。现在这两种方法都得以实现了，我们对此做简单的描述就可以。

由于它们的化学性质是相同的，所以采用普通的方法无法将二者分离。它们只是在原子质量上差 1.3%，所以我们可以采用扩散法、离心法、电磁场偏转法等方法使两者分离，其原理如图 75 所示。

由于二者差别不大，所以上述方法要进行多次才会进一步将二者分离，次数越多，得到的铀–235 产品就越纯。

还有一种比较简便的方法，那就是通过人工的方法降低"重"同位素的影响。首先我们要知道，铀–238 吸收了铀–235 裂变时产生的中子，从而破坏了链式反应的继续进行。想解决这个问题，就要设法阻止铀–238 原子核得到中子。虽然看起来很困难，但一件事实有助于解决问题。这就是随着中子速度的不同，两种同位素得到中子的能力也不同：当中子速度比较快时，二者能力相差无几；当中子速度中等时，铀–238 的能力强一些；当中子速度比较低时，铀–235 的能力明显比铀–238 强。

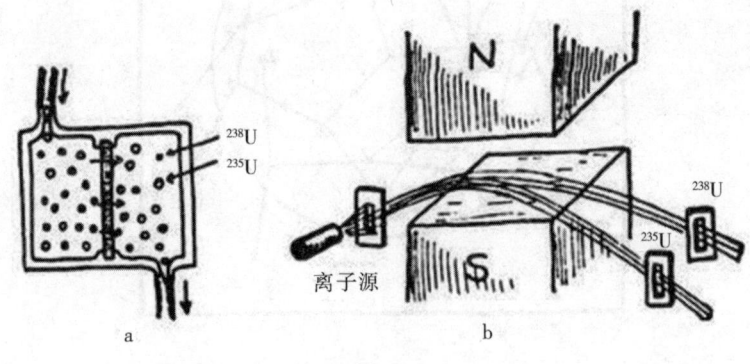

图 75

a. 扩散法：在气泵左侧抽入含有两种同位素的气体，分子越轻，扩散的速度越快，铀–235 就会先随着气体进入气泵右侧空间

b. 磁场法：原子束穿过强磁场后，同位素越轻偏转就越大。需要采用较宽的缝隙才能加强粒子束的强度，两种同位素会重叠，因此只能是部分分离

如果把能使中子速度降低而又不捕获大量中子的物质（减速剂）和铀颗粒放在一起，就做成了一个减速装置。重水①、碳、铍盐是比较好的减速剂。如图76所示，这是铀颗粒"堆"在减速剂中工作的样子②。

虽然铀–235在天然铀中只占0.7%，但我们可以用人工的方法制造出类似的元素。实际上，我们可以用链式反应产生的中子使原来不能发生裂变的原子核转化为可以裂变的原子核。

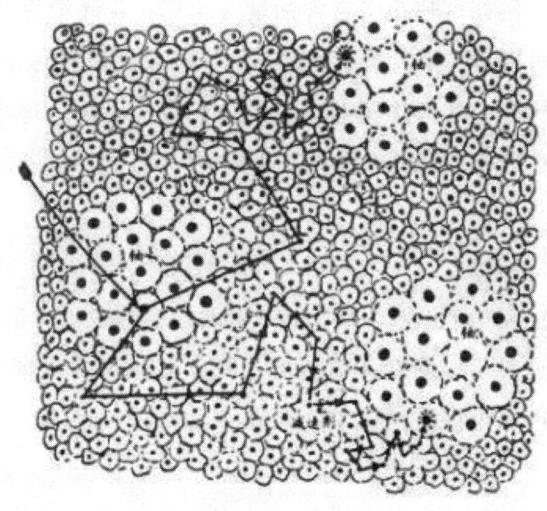

图 76

在这张图里，小原子是减速剂，大原子是铀原子。左侧两个裂变产生的中子进入减速剂，速度在碰撞过程中减慢。由于铀–235得到慢中子的能力高于铀–238，所以减速后的中子就能被铀–235的原子核得到

当铀–238的原子核得到中子后会怎样呢？首先是立刻变成更"重"的铀–239，85后它立即放出两个电子，成为原子序数是94的新元素的原子。我们把这种人造新元素称为钚（^{239}Pu），它比铀–235更容易裂变。如果用钍（^{232}Th）代替铀–238，钍的原子核也会得到中子，释放两个电子，成为人造裂变元素铀–233。

所以，无论是理论上还是实际上，从铀–235开始进行循环反应，可以把

---

① 即由氢的同位素氘（$^2_1$H）和氧化合成的水，分子式为D_2O。——编译者注

② 这里我们不对铀堆进行讨论，如有兴趣可参看其他专论原子能的文章和著作。

117

天然铀和钍都变成裂变物质，成为富集的核能源物质。

计算结果表明，如果所有天然铀矿的铀-235蕴含的核能都释放出来，可供人类使用几年；如果铀-238转变成钚，则可供人类使用几个世纪；如果把蕴藏量是铀的4倍的钍也考虑进去，那么可供人类使用一两千年。所以，原子能匮乏论是错误的。

就算所有核能都被用光，人们还可以从石头里得到核能。铀和钍也广泛存在于普通物质里，例如每吨花岗岩含铀量为4克，含钍量为12克。如果你认为这太少，那么可以算一下：每千克裂变物质蕴藏的核能约等于2万吨汽油燃烧或2万吨梯恩梯（TNT）炸药爆炸放出的能量。所以，每吨花岗岩中的16克铀和钍等于320吨普通燃料。在面临能源枯竭的危机时，这笔资源也是相当可观的。

在解决了裂变问题后，科学家们又开始研究聚变了。聚变是指两个"轻"元素的原子核聚集成一个重原子核，与此同时也会释放出大量能量。在后面的内容里我们会知道，氢核聚变为氦核的过程正是太阳巨大能量的来源。重氢（氘）是最适合的聚变物质，它主要存在于水中。氘核有一个中子和一个质子，两个氘核撞到一起后，会发生如下反应：

氘核 $\to {}_2^3He$ + 中子

或氘核 $\to {}_1^3H$ + 质子

实现这种变化要具备一个重要条件，那就是氘要处于几亿摄氏度的温度之下。氢弹是首先实现核聚变的装置，这需要用原子弹来引发。现在最要紧的问题是实现核聚变的和平利用，这需要克服一个很大的困难：用强磁场把氘核束缚在中心热区，使之避免接触容器壁，以免容器被融化。

第八章 无序定律

一、热的无序

观察杯里的水，如果在不晃动的情况下，你不会看出这杯水有什么运动的迹象，而且清澈均匀。但这只是表面现象，如果放大上万倍，我们就能看出水的粒状结构。

放大后，我们还能看到水绝不是静止的。水分子就像大街上骚动的人群，它们是互相推搡的。事实上，包括水在内的所有物质的分子都在进行这种运动——热运动，这种运动导致的直接结果就是热现象。虽然无法用肉眼看到分子和分子运动，但我们器官上的神经能感受到分子运动的刺激，即产生热感觉。如图77所示，很多细菌对热运动极为敏感，它们被进行热运动

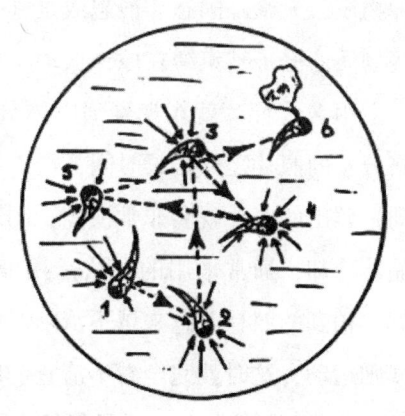

图77 被分子到处推搡的细菌

的分子到处推动，永远得不到清静。这种有趣的现象是生物学家布朗（Robert Brown）在研究植物花粉时发现的，所以这种现象又叫作布朗运动。这种运动是普遍存在的，在所有液体中的任一微粒上都可以观察到，在空气中飘浮的尘埃和烟雾上也可以观察到。

随着液体温度的升高或降低，这些小微粒的运动也随着变快或变慢。可以确定，我们看到的就是物质内部热运动的效应。所以，我们平时说的温度是分子运动程度的度量。研究表明，当温度达到 $-459°F$，即 $-273℃$ 时，热运动就

不会进行了。也就是说，在这个温度下分子停止运动了。我们把这个温度称为绝对零度，没有比这更低的温度了，因为没有比静止更慢的速度。

接近绝对零度的物质分子能量很小，所以它们在分子之间内聚力的作用下凝固，处于凝结状态的分子只能微微颤动。随着温度的升高，颤动会加剧；在一定的温度下，这些分子就会重获自由，可以四处滑动。物质也由凝结时的坚硬状态变成液体，内聚力的强度决定了物质熔化所需的温度。空气或氢的分子间内聚力比较弱，即使温度不高，也会被热运动打败。氢在14K（即-259℃）下才处于固态，氮和氧熔化的温度分别是64K（即-209℃）和55K和（-218℃）。还有些物质的分子内聚力很强，在高温下仍能保持固态。如铅和铁分别在327℃和1 535℃时才熔化，稀有金属锇甚至要达到2 700℃才熔化。处于固态的物质同样受热的影响，热运动的基本定律表明，在同一温度下的各种物质，无论是固态、液态或是气态，其单个分子都有着相同的能量。只是有些物质的分子被束缚在原地振动，另一些物质的分子则挣脱出去。

用X光照片就能观察到固体分子的热颤动或热振动。前面说过，拍摄晶格分子的照片需要很长时间，所以在曝光的时候不能让分子乱动。如果它们乱动，照出的照片就会非常模糊，图版Ⅰ那张分子照片就说明了这点。所以要把晶体冷却，通常采用的办法是用液态空气浸泡晶体。反之，如果逐渐加热晶体，拍到的照片就越来越不清晰。温度升高到熔点后，分子就会在液体内做无规则运动，这时就完全看不清它的影像了。

固体材料熔化后，分子仍然会聚集在一起，因为尽管热冲击大到能从晶格上拉下分子，但还不足以把它们完全分开。但如果继续升温，分子间的内聚力聚拢分子的力量就不足了。要不是容器的阻挡，它们会四处乱飞，物质就变成气态的了。液体气化与固体熔化相似，物质不同，其气化温度也不同：内聚力强的物质变成气体所需的气化温度要高于内聚力弱的物质。此外，液体所受压力也影响到气化温度。所以，打开壶盖的一壶水沸腾时的温度要低于盖得严实的一壶水沸腾时的温度；另外，由于高山顶气压较低，所以沸水的温度低于100℃。顺便说一下，通过测量沸水的温度，就能知道那里的海拔高度和大气压强。

熔点越高的物质沸点也越高，例如液态氧、液态氮和液态氢的沸点分别是

−183℃、−196℃和−253℃，铅和铁的沸点分别是1 620℃和3 000℃，锇的沸点高达5 300℃[①]。

固体的晶体结构遭到破坏后，它的分子先慢慢游荡，然后四散奔逃。然而这不意味着热运动只能破坏到这里了，如果继续升温，分子的存在就会受到威胁。分子间会更加猛烈地相撞，分子甚至可能撞散为单个原子，这个过程叫作"热离解"，分子强度是热离解的决定因素；有的有机物在几百摄氏度的温度下就变成单个原子（有的是原子群），还有的物质如水分子就坚固一些，它需要温度达到1000℃左右。如果温度达到几千摄氏度，那么就不存在分子了，纯化学元素的气态混合物将统治世界。

图78

在温度高达6 000℃的太阳的表面上就是这样。同时，在另外一些温度稍低一些的红巨星[②]的大气层里就有分子的存在。

---

① 这些数据均为在1个标准大气压（1标准大气压=101 325帕）下测得的数据。
② 见第十一章。

从一到无穷大

　　分子间在高温下发生猛烈的碰撞，甚至分子可能被撞成原子，有时还会撞掉原子本身的外层电子，这个过程叫作"热电离"。温度越高，热电离的力量就越强大，有时这个过程需要几万、几十万、上百万度[①]的高温。虽然这个温度在实验室里难以到达，但在太阳等恒星里却比较常见。原子在这种情况下也都不存在了，它的电子层也被剥夺，所有物质都变成了原子核和自由电子的混合物。尽管如此，只要原子核还在，物质的基本化学性质就在。温度下降后，原子核与电子结合，又变成一个完整的原子了。

　　想把原子核变成单独的中子和质子，这时需要的温度至少是几十亿度，这个过程叫作"热裂解"，但目前还没有发现如此高的温度。最可能出现这么高温度的时间大概是几十亿年前，当时宇宙刚刚形成。在本书最后，我们会讨论这个问题。

　　通过上面的内容我们可知，热冲击能使物质结构遭到严重破坏，使它变成到处乱撞、毫无规律运动的粒子。

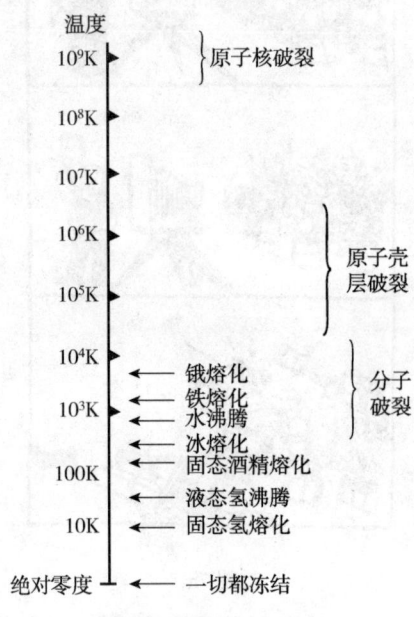

图79　温度的摧毁效应

---

　　① 此处的温标及随后的几处温标似乎应为摄氏温标。——编译者注

二、如何描述无序运动

虽然热运动是没有规则的，但这并不意味着无法对它做出物理描述。一类被称为"无序定律"或"统计定律"的新定律在描述不规则热运动时起着重要作用。我们先看一下"醉鬼走路"问题，以便更好地理解这点。假设有一个靠在路灯柱边的醉鬼，他突然想走几步，我们就研究他走的路线。如图80所示，他就这样到处乱走。这样，当醉鬼折返了几十次、上百次之后，他和路灯柱之间的距离是多少呢？乍一看这个问题是解决不了的，但经过仔细思考后我们会发现，虽然我们不知道醉鬼最后会在哪里停下来，但我们可以知道他最后和路灯柱之间最可能的距离，我们要用数学方法来解决这个难题。以路灯柱为原点画出坐标，指向我们的是 X 轴，指向右边的是 Y 轴。R 是醉鬼经过 N 个转折后距离路灯柱的长度，在图80中，N 的值是14。假如醉鬼走的第 N 分段在两轴上的投影分别用 X_n 和 Y_n 表示，根据毕达哥拉斯定理可得：

$$R^2 = (X_1 + X_2 + X_3 + \cdots + X_n)^2 + (Y_1 + Y_2 + Y_3 + \cdots + Y_n)^2$$

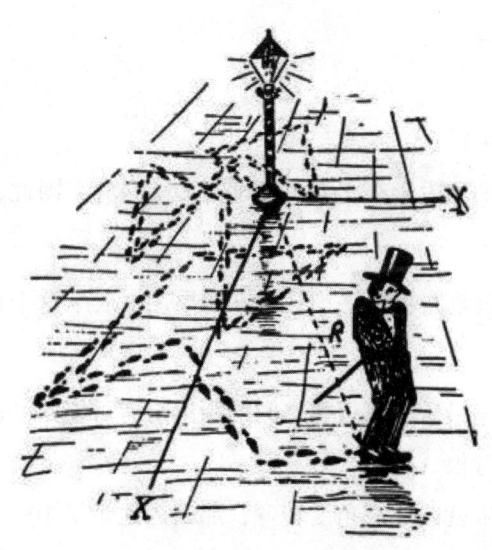

图80　醉鬼所走的路

由于醉鬼会离开或接近路灯柱，所以式子中的 X 和 Y 一定是既有正数也有负数。需要注意的是，由于他走的方向完全无规则可循，所以 X 和 Y 代表的数字里正数和负数的个数是相差无几的。把上面的式子前一项展开后可得：

$$(X_1 + X_2 + X_3 + \cdots + X_n)^2$$
$$= (X_1 + X_2 + X_3 + \cdots + X_n)(X_1 + X_2 + X_3 + \cdots + X_n)$$
$$= X_1^2 + X_1X_2 + X_1X_3 + \cdots + X_2^2 + X_1X_2 + \cdots + X_n^2。$$

这里既有 X 的所有平方项（X_2^1，X_2^2，$\cdots X_n^2$），又有 X_1X_2，X_2X_3 等"混合积"。

下面我们要用到统计学知识。因为他离开和接近路灯柱的概率相同，所以 X 取的值也是正负数个数相同。于是可以从混合积找到可以抵消的数对，而且 N 越大抵消得越干净。由于平方永远是正数，所以不会被抵消，最后就变成：

$$X_1^2 + X_2^2 + \cdots + X_n^2 = NX^2，$$

X 就是各段路程在 X 轴上投影长度的平均值。同理，后面括号里的式子就变成 NY^2，Y 就是各段路程在 Y 轴上投影长度的平均值。由于我们在这里用的是统计学规律，即想到了因任意运动而产生的能够抵消的"混合积"。由此可知，醉鬼和路灯柱之间的距离可能是：

$$R^2 = N(X^2 + Y^2)$$

或

$$R = \sqrt{N} \cdot \sqrt{X^2 + Y^2}。$$

由于各路程的平均投影在 X 轴和 Y 轴上都是 45°，因此，由毕达哥拉斯定理可知：

$\sqrt{X^2 + Y^2}$ 的值就是路程的平均长度。如果用 1 表示这个长度，可得：

$$R = 1 \cdot \sqrt{N}。$$

简单来说，醉鬼最后和路灯柱之间的距离最有可能是各段路径的平均长度乘以路径段数的平方根。

如果他每隔 1 米就向任意角度转弯，那么当他走了 100 米远后，他和路灯柱之间的距离通常是 10 米。

图81　6名醉鬼沿路灯柱分布情况的统计

通过这个例子可知统计学规律的本质：我们得到的结果不是最准确的，而是最可能的。如果醉鬼走直线（这显然不太容易发生），那么他将会离开这根路灯柱；如果醉鬼转弯的弯度是180°，那么他会离开又返回。然而如图81所示，如果很多醉鬼（这幅图里是6个）从同一根路灯柱出发乱走，过一段时间后，他们会按照上面说的规律分布于路灯柱周围。可以说，醉鬼数量越多、胡乱拐弯次数越多，这个规律就越精确。

现在我们用花粉或细菌代替醉鬼，使花粉或细菌悬浮在液体中，透过显微镜我们就可以发现，在周围分子热运动的影响下，这些微粒也和醉鬼一样无规则地到处乱走。

此外，我们还可以观察处在相同区域（相当于靠近"路灯柱"）的微粒。这时我们会看到，过一段时间后，它们会到处分布，并且离开原位的距离与时间的平方根是成正比的，这个结果和我们前面研究"醉鬼问题"时得出的公式相同。

水分子的运动也同样符合这条定律。但我们看不见水中单个的水分子，就算看见也区别不了。所以我们要用两种物质的分子，利用它们的不同（如颜色的不同）来观察它们的运动。先在一个试管里倒入清水，再倒入一半紫色的高锰酸钾溶液。倒入两种液体的时候要小心，不要将它们混在一起。我们会发现，紫色慢慢进入清水。如图 82 所示，过一段时间再看，全部液体的颜色将变得很均匀。我们把这种现象称为"扩散"，引起上述现象的原因是水中的高锰酸钾分子在进行无规则热运动。在试管中，被周围分子撞来撞去的高锰酸钾分子就像一个个醉鬼。与气体分子相比，水分子之间的空隙很小，所以发生连续两次碰撞的距离很短，这个距离大约只有亿分之一英寸。此外，在室温下分子运动的速度约为 1/10 英里/秒。所以，每隔一万亿分之一秒，一个分子就会发生一次碰撞。在一秒钟的时间里，一个分子要经过上万亿次的碰撞并变换方向，它经过的平均距离大约是一亿分之一英寸乘以一万亿的平方根，即约为 1% 英寸。这个扩散速度是相当缓慢的，如果颜色扩散 100 倍，即 1 英寸之外，那么需要的时间是 10 000 秒，即将近 3 个小时。

知道这个事实后，你再往水里放糖的时候就不要等着糖分子均匀扩散到整杯水里了，你需要做的是用小勺不断搅动。

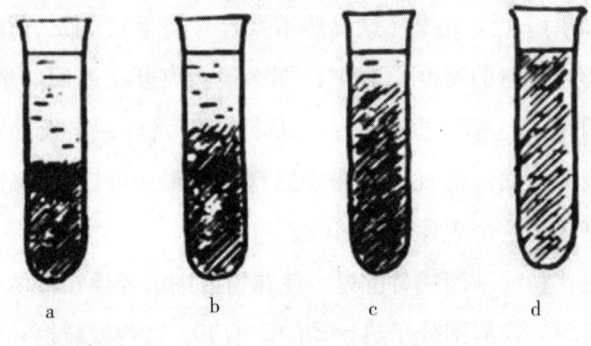

图 82

下面又是一个和扩散有关的例子：热在火炉通条中是如何传导的，这个过程在分子物理学中占有重要地位。如果把铁通条的一端插进火里，过一段时间后剩下的一段就会变得烫手，这是人人知道的日常生活经验。但你可能不会意识到，是电子的扩散把热量传到这一端的。包括铁通条在内的各种金属内部都包含着许多电子，这些电子和其他非金属物质里的电子不同，它们电子层最外的电子可以摆脱束缚而在金属晶格里到处游荡，也会像气体里的微粒一样进行不规则的热运动。

在金属物质的外部，电子被施加作用力而不能摆脱束缚①；然而在金属物质的内部，电子运动就显得自由多了。这时要是给金属施加一个电场作用力，那么能够自由运动的电子就会进行与电场作用力方向相同的运动，于是形成电流；非金属物质的电子不具备这种特点，它们不能摆脱束缚，所以大多数非金属都是不导电的绝缘体。

插进火里的金属棒里面的那端，自由电子的热运动更加剧烈，因此，电子在高速运动的时候就会把热能扩散到别的地方。这个过程和高锰酸钾分子在水里扩散的情形相似，只是这里不是水分子和染料分子两种不同的微粒，而是热电子气向冷电子气的区域中扩散开去。这里也可以用到醉鬼问题里的那个定律，即在金属棒中，热传递的距离和时间的平方根成正比。

下面再说一个和前面两个例子完全不同，但有着宇宙意义的重要的扩散例子。在后面的内容里，我们会知道，太阳能量的来源是太阳本身内部元素的嬗变。这些能量会通过强辐射的形式向外释放。辐射出去的光量子或光微粒的运动方向是从太阳内部向太阳表面。太阳的半径为 700 000 千米，光的速度为 300 000 千米/秒，所以，走直线的光量子只需要两秒多钟就能从太阳中心来到太阳表面。但实际上却不是这样，光量子在前进的过程中会撞到太阳内部无数的电子和原子。在太阳里，光量子自由程的距离约为 1 厘米，而太阳的半径达 70 000 000 000 厘米。所以，光量子想要到达太阳表面，就得像醉鬼一样转过 $(7\times10^{10})^2$ 或 5×10^{21} 个弯。每段路程需要的时间是 $\dfrac{1}{3\times10^{10}}$ 或 3×10^{-11} 秒，那么走完所有路程需要的时间就是 $3\times10^{-11}\times5\times10^{21}=1.5\times10^{11}$ 秒，也就是长达 5000 年！这下我们再次深深地体会到了扩散的缓慢。虽然光从太阳到地球只需要短短的 8 分钟，但它从太阳内部来到太阳表面却需要 50 个世纪！

三、计算概率

很多和分子运动有关的问题都可以用统计定律解决，前面只是一个比较简

---

① 处在高温状态时的金属丝，它内部的电子热运动非常激烈，会从表面射出一些电子。

单的例子。接下来我们要了解一下熵的定律,这是一种重要的热行为定律,它管辖的范围从一滴水到整个宇宙。但在此之前我们要先了解一些和概率有关的问题。

抛硬币问题是最简单的概率问题之一。我们知道,抛出去的硬币落地后一般会出现两种状况,即正面或背面朝上,并且出现每种状况的可能性是相等的。把这两种可能性加起来就是 $\frac{1}{2}+\frac{1}{2}=1$。在概率学上,出现 1 就说明事件一定会发生。所以可以确定,抛出去的硬币落地后,朝上的不是正面就是反面。也有特殊情况,那就是你找不到抛出去的硬币了。

如果同时抛出两枚硬币或者抛出一枚硬币两次,那么出现的结果不外图 83 所示的那样。

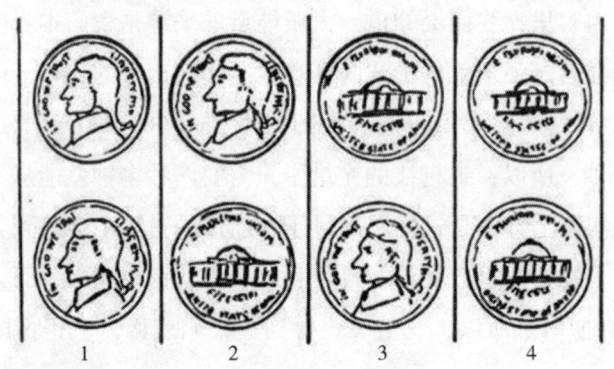

图 83　掷两枚硬币的四种可能性

第一和第四种情况分别是两个正面和两个反面,第二和第三种情况其实是相同的,只是先出现正面或反面不同而已。由此可知,得到两个正面和两个反面的机会是相等的,即全部是 $\frac{1}{4}$,得到一正一反的机会是 2∶4,即 $\frac{1}{2}$。于是 $\frac{1}{4}+\frac{1}{4}+\frac{1}{2}=1$,这意味着每次扔硬币一定会出现这 3 种情况中的 1 种。如果抛 3 枚硬币,那么可能出现的结果如下表所示。

第一枚　正正正正反反反反
第二枚　正正反反正正反反
第三枚　正反正反正反正反
　　　　Ⅰ Ⅱ Ⅲ Ⅱ Ⅲ Ⅱ Ⅲ Ⅳ

通过观察上表可知，3 枚硬币都是正面或反面的机会都是 $\frac{1}{8}$，两正一反和两反一正的机会都是 $\frac{3}{8}$。

下面是抛出 4 枚硬币时的情况，共有 16 种可能性：

第一枚　正正正正正正正正反反反反反反反反
第二枚　正正正正反反反反正正正正反反反反
第三枚　正正反反正正反反正正反反正正反反
第四枚　正反正反正反正反正反正反正反正反
　　　　Ⅰ Ⅱ Ⅱ Ⅲ Ⅱ Ⅲ Ⅲ Ⅳ Ⅱ Ⅲ Ⅲ Ⅳ Ⅲ Ⅳ Ⅳ Ⅴ

在这次抛硬币的实验中，得到四面都是正面或反面的概率都是 $\frac{1}{16}$，三正一反和三反一正的概率各是 $\frac{4}{16}$ 即 $\frac{1}{4}$，正反数量相等的概率为 $\frac{6}{16}$，即 $\frac{3}{8}$。

如果继续增加硬币的数量，那么你用一大张纸都写不下。例如我们把硬币的数量增加到 10 枚，抛出去后出现的可能性将会达到 $2\times2\times2\times2\times2\times2\times2\times2\times2\times2=1\ 024$ 种。其实我们不用写这么复杂的结果，上面举的例子已经足够让我们了解判断概率大小的法则了，而且也让我们可以在实际生活中运用。首先可以知道，抛两次硬币后都是正面朝上的概率是这两次分别是正面的概率的乘积，即

$$\frac{1}{4}=\frac{1}{2}\times\frac{1}{2}$$

同理，抛 3 次和抛 4 次都是正面朝上的概率就分别为：

$$\frac{1}{8}=\frac{1}{2}\times\frac{1}{2}\times\frac{1}{2};\ \frac{1}{16}=\frac{1}{2}\times\frac{1}{2}\times\frac{1}{2}\times\frac{1}{2}$$

所以，连续抛 10 次、每次都是正面朝上的概率就是 $\frac{1}{2}$ 连乘 10 次的结果，

即0.000 98。结果越小，说明可能性越小。这个方法叫作"概率相乘"，也就是说，如果你希望几个不同的事件同时发生，就可以把每件事发生的概率乘在一起，得到的结果就是总概率。如果事件非常多，并且没有一件事是确定能发生的，那么你得到希望结果的机会是非常渺茫的。此外还有一种"概率相加"法，当你希望几个事件发生任意一个的时候，把这些事件单独实现的概率加在一起就是总概率①。

在抛两次硬币、正反面各一次的事件中，就可以用到这个方法了：你希望出现"先正后反"或"先反后正"两种情况，每种情况单独实现的概率都是$\frac{1}{4}$，所以实现任何一种情况的概率就是$\frac{1}{4} + \frac{1}{4} = \frac{1}{2}$。也就是说，当你计算"有A事，又有B事，还有C事，……"的概率时，需要把它们单独实现的概率乘在一起；当你计算"或者A事，或者B事，或者C事，……"的概率时，需要把它们单独实现的概率加在一起。

第一种情况下，要求的事件越多，实现的概率越小；第二种情况下，可以选的事件越多，实现的概率越大。

如果进行多次实验，就会发现概率的定律会越来越精确。我们还以抛硬币问题为例，如图84所示，这是抛2次、3次、4次、10次和100次硬币时获得不同正、反面分布的概率。显然，抛硬币次数越多，曲线变得越来越尖锐，正反面各出现一半的，最大值越来越明显。

所以，都是正面或反面的机会在抛2次、3次和4次的时候还是很大的；在抛10次的时候，90%是正面或反面的可能性都难以出现；当次数达到100或1000次时，概率曲线就变成尖尖的形状了，实际上想从50%的分布中有一个小偏差的机会几乎为零。

在扑克游戏中也可以用到这个法则，我们计算在某种扑克游戏里5张牌有哪些可能出现的组合。我们先了解一下这个游戏的玩法：参与者每人摸5张牌，谁能摸到最好的组合就算谁赢，当然要排除有人作弊的可能——尽管肯定会有。

---

① 这个方法只能用在各个事件不相容的时候。——编译者注

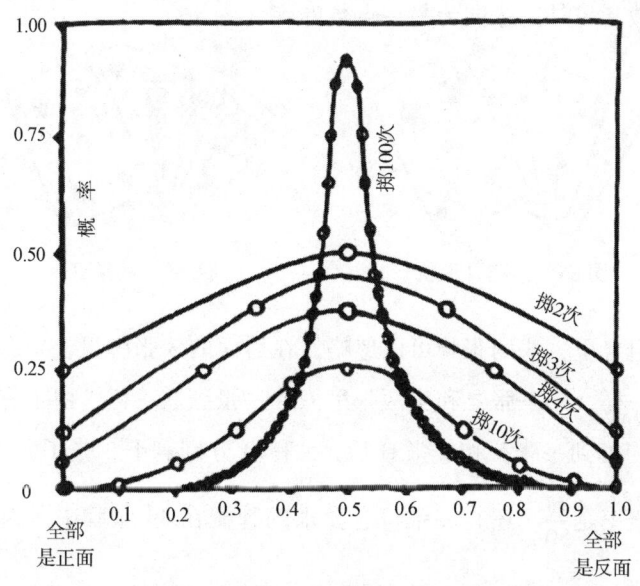

图 84　得到正、反面的相对次数

下面我们研究一下这 5 张牌可能出现某种组合的概率，如图 85 所示，在这 5 张牌里，所有牌的花色都是一种，这种组合叫作"同花"。想要摸到这么一手牌，可以先不去考虑第一张，只需计算其余 4 张和第一张花色相同的概率即可。在一副牌里，每种花色有 13 张，一共有 52 张①。拿走第一张后，第一张花色的牌还有 12 张。所以，第二张和第一张花色相同的概率就是 $\frac{12}{51}$。依此类推，第三、第四、第五张花色和前面相同的概率就分别为 $\frac{11}{50}$，$\frac{10}{49}$，$\frac{9}{48}$。因此，5 张牌都是同一种花色的概率就是：

$$\frac{12}{51} \times \frac{11}{50} \times \frac{10}{49} \times \frac{9}{48} = \frac{11\,880}{5\,997\,600} \approx \frac{1}{500}。$$

需要注意的是，我们这里说的只是可能性，所以你不一定每 500 次就会得到一次同花牌，但有时每 500 次可能得到两次或更多。同理，每 3000 万次游戏可能得到 5 张"爱司"（包括一张"百搭"在内）的机会有 10 次。

此外还有一种更难得到的组合，这就是"满堂红"（full house）。它包括

---

① "百搭"牌没有算在内。

两张同一点数和另外三张同为另一点数的牌（图 86）。

图 85　同花（黑桃）

图 86　满堂红

在这种组合里，头两张牌可以忽略，在后面的 3 张牌里，要有两张和头两张之一点数一样，第三张要和头两张里另外一张点数一样。由于有 6 张牌符合要求（例如当摸到一张 5 和一张 Q 后，5 和 Q 分别剩下 3 张了），所以第三张符合要求的概率是 $\frac{6}{50}$。还有 5 张符合要求的牌藏在 49 张牌中，因此第四张和第五张符合要求的概率分别是 $\frac{5}{49}$ 和 $\frac{4}{48}$。得到满堂红的概率是

$$\frac{6}{50} \times \frac{5}{49} \times \frac{4}{48} = \frac{120}{117\,600}。$$

这约等于同花概率的一半。此外，我们还可以算出点数连续的 5 张牌（即"顺子"）出现的概率。

由此我们发现一个现象，出现概率越低的牌就越是好牌，赢的钱就越多。这个规则是数学家规定的，还是全世界的赌徒们根据牌桌上的经验得来的呢？我们不知道答案。如果是后者，我们可以说，这些可恶的赌徒竟然做了一件好事，那就是为我们研究概率问题提供了非常有用的统计资料。

"生日重合"问题是另外一个和计算概率有关的例子。你是否有这样的经历：两个朋友同一天过生日，他们都邀请你去参加聚会。你可能会觉得，一年有 365 天，而我只有 24 个朋友，发生这种事的概率是很低的吧？但我要告诉你，你说的是不对的，在你这 24 个朋友里，两个人、甚至几组两个人出生在同一天的概率是非常高的，甚至高过不重合的概率。

你可以随意列出 24 个人的生日，他们可以是你的朋友，也可以是你的同学。通过抛硬币和扑克游戏我们基本掌握了计算概率的方法，现在依然要用到这个方法。

首先是他们生日不重合的概率。同样不用管第一个人,第二个人出生的日期就有 364 种可能,他和第一个人不在一天出生的概率是 $\frac{364}{365}$;第三个人和前两个人不在一天出生的概率是 $\frac{363}{365}$。依此类推,所有人生日不重合的概率为

$$\frac{364}{365} \times \frac{363}{365} \times \frac{362}{365} \times \cdots \times \frac{342}{365}。$$

这些项相乘的得数约为 0.46,这也意味着在你这 24 个朋友里,生日重合的概率是 54%。如果你的朋友数量达到了 25 个以上,并且没有发生两个人在同一天邀请你参加生日聚会的事情,那么你就能确定:或者他们没有举办生日聚会,或者他们即使举办了也没有邀请你去参加。

通过生日重合问题我们知道了一个道理,那就是想当然的事情有时并不是那么可靠的。我问过许多人(其中也包括不少优秀的科学家)这个问题,然而只有一个人认为重合的概率比不重合的概率低。如果我和他们打赌,那么我很可能就发财了。

再次提醒大家,即使经过仔细计算后得出的结果表明事件发生的概率很大,但也不意味着这件事会百分之百地发生。我们得到的只是一个"大概会"的结果,而不是一个"一定会"的结果,除非你可以做几十上百次实验,几十亿次更好。当我们只做了几次实验的时候,概率定律就基本没用了。接下来是一个运用统计学规律翻译一段神秘文字的故事。《金甲虫》是著名小说家埃德加·爱伦·坡(Edgar Allan Poe)的作品,故事的主人公是勒格让先生。有一次他在沙滩上散步,忽然见到了一张半埋在沙子里的羊皮纸,他把这张羊皮纸捡回家中。虽然从表面上看不出什么,但在室内火炉的烘烤下,羊皮纸上出现了几行神秘的符号。符号里画着一个人的头骨图案,这说明手稿的主人是一名海盗。此外还有一个山羊头的图案,这说明这个海盗是鼎鼎有名的基德船长①。剩下的几行符号,很可能指出藏宝地点。如图 87 所示,这就是那张羊皮纸。

---

① 在英文里,基德是 Kidd,山羊是 Kid,二者字形和发音很像,所以才有这种说法。——编译者注

从一到无穷大

勒格让先生非常惊喜,他很想找到这批宝藏,于是他决定立即开始破译密码的工作。试过了几种方法后都没有成功,于是他决定从英文字母出现的频率入手。他的理由是:拿出任意一段英文,不管是诗歌作品还是小说,观察字母出现的次数就可以发现,字母 e 出现的次数最多。其余字母出现的次数如下:
a, o, i, d, h, n, r, s, t, u, y, c, f, g, l, m, w, b, k, p, q, x, z。

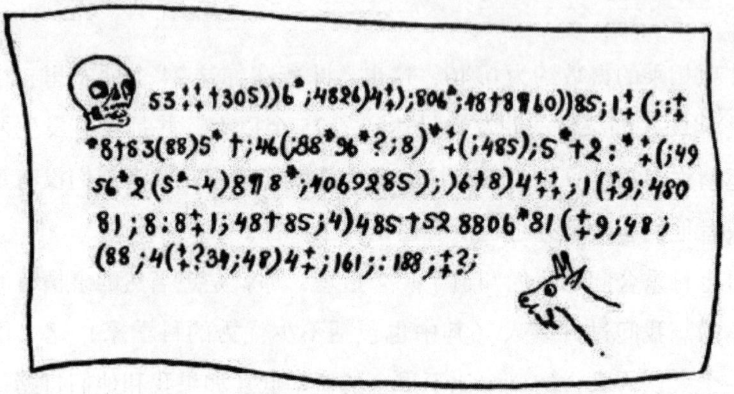

图 87 基德船长的手稿

勒格让看了看羊皮纸上的密码,他发现 8 出现的频率最高,于是他认为 8 代表字母 e。他猜得不错,但并不是所有时候都可以这样猜。假设羊皮纸上写的是:"You will find a lot of gold and coins in an iron box in woods two thousand yards south from an old hut on Bird Island's north tip."(你可以在鸟岛北端的旧茅屋南面 2000 码处的树林中的一个铁箱里找到许多金币。)这段话里就没有出现字母 e,但这次勒格让先生得到了概率论的大力支持。

正确迈出第一步后,勒格让先生充满了信心,他按照同样的方法继续猜下去,最后得到了这个表格。

此表中第二列字母按其在英文中出现频率由高到低排列,自然地,可以假设第一列(宽栏)中列出的符号与第二列中同一行的字母相对应。然而这样一来,手稿的内容就可以翻译成 ngiisgunddrhaoecr...

第八章 无序定律

字符	出现次数		
8	33	e	e
;	26	a	t
4	19	o	h
‡	16	i	o
(	16	d	r
*	13	h	n
5	12	n	a
6	11	r	i
†	8	s	d
1	8	t	
0	6	u	
g	5	y	
2	5	c	
i	4		
3	4	g	g
?	3	l	u
¶	2	m	
—	1	w	
.	1	b	

这些字母似乎看起来完全没有意义！

为什么会这样？难道是狡猾的海盗用了别的东西作为密码吗？不是这样的。原因就在于这张羊皮纸上的内容太少，用统计学的最大概率分布无法破译出来。如果海盗用一种很麻烦的方式把宝藏藏起来后，再用好几页纸写下表示密码的神秘符号，那么，勒格让先生离成功就更近了。

当你抛出100次硬币的时候，你可以自信地说其中某一面朝上的次数大约有50次。所以，想要概率定律精确，就需要进行多次实验，这样，概率定律才成为一条法则。

这张羊皮纸上的内容实在太少了，运用统计法无法破译，所以勒格让先生决定试试单词的细微字母结构。他仍假设e在这里用出现次数最多的8来表示，而且88连在一起出现了5次。英语中有很多单词包含连在一起的两个e，如speed, meet, seen, been, fleet, agree 等。而且，当e真的用8来表示的时候，他肯定以"the"的一部分（结尾）出现在文中。通过观察手稿，我们看到"; 48"出现的次数为7次，所以可以假设";"代表t、"4"代表h。

这里我们就不继续研究这些神秘的符号了，我直接把翻译后的文字告诉大家："A good glass in the bishop's hostel in the devil's seat. Forty-one degrees and thirteen minutes northeast by north. Main branch seventh limb east side. Shoot from the left eye of the death's head. A bee-line form the tree through the shot fifty feet out."（主教驿站内魔像座位下有架好望远镜。东北偏北41度13分。主干上朝东的第七根树枝。从骷髅的左眼射出子弹。从那棵树沿子弹方向走50英尺。）

我们把最后的结果写在表格中的最后一栏（第三列）里。显然，实际情况和通过概率定律得到的答案有很大区别。这是因为手稿太短了，概率定律起作用的机会太小。然而从这些统计结果中我们也能发现，所有字母的排列趋势接近概率论的要求。当字母的数量很大时，这个趋势就更明显了。

大概只有一个用多次实验来检验概率论的例子，这个例子就是"火柴和星条旗"实验。

我们也可以做这个实验。首先，要有一面红白条纹相间的旗子，也可以在一张纸上画上几条距离相等的平行线来代替旗子；其次，还要准备一盒火柴，火柴的长度要小于条纹的宽度或平行线间的距离；最后，要有一个希腊字母 π。我们都知道，可以用这个字母来表示圆的周长和直径相比的比值（即圆周率）。这个数字是 3.141 592 653 5…由于这是一个无限不循环小数，所以就不多写了。

下面我们如图88所示，把一根火柴扔在铺在桌面上的旗子上。火柴的落点有两种可能：一是掉在一个条纹里；二是压在两条条纹上。发生这两种情况的概率分别是多大呢？

和别的题目一样，我们要先知道这两种情况出现的次数才能确定概率。然而火柴可以以多种形式落在旗子上，各种情况应该是数不清的吧？

现在我们认真想一下这个问题。火柴和条纹走向形成的角度、火柴中心和最近条纹边界的距离决定了火柴落在条纹上的情况。如图89所示，这里是3种基本类型。假设条纹宽度是2英寸，我们也要把火柴的长度设定为2英寸，这样才会更方便。在a图中，火柴角度比较大，它的中点和边界的距离又比较近，因此和边界相交；在b图和c图中，由于火柴的角度比较小或中点和边界

图 88

的距离比较远，整根火柴就落进一条条纹里了。准确来说，当火柴中点到最近边界的距离小于火柴长度的一半在竖直方向的投影时就会出现 a 图中的情况，反之就会出现 b 图和 c 图中的情况。我们可以用图 89 中下边的那个图形表示这句话：横轴用弧度表示火柴掉落下来的角度，纵轴是火柴长度的一半在竖直方向上投影的长度，在三角学上，这个长度被称为"给定角度的正弦"。很明显，当火柴的方向是水平的时候，即角度为零时，正弦值也是零。当火柴取直立位置，和投影重合，即角度是 $\frac{\pi}{2}$（直角）① 时，正弦值等于 1。角度在这两个值之间时，正弦曲线可以给出此时的正弦值。（在图 89 中，我们画出的只是从 0 到 $\frac{\pi}{2}$ 这四分之一段曲线。）

在这条曲线的帮助下，我们可以比较容易地算出火柴与边界是否相交出现的概率了。在图 89 中我们已经看到，如果火柴中点和边界的距离小于半根火柴的竖直投影，也就是小于此时的正弦值，那么火柴和边界就是相交状态。此时，表示这个距离和角度的那个点处于正弦曲线之下。反之，当火柴掉进一条条纹内部的时候，那个点就会在曲线之上。

---

① 假设圆的半径是 1，那么它的周长就是 2π。所以，四分之一弧的长度是 $\frac{2\pi}{4}$，即 $\frac{\pi}{2}$。

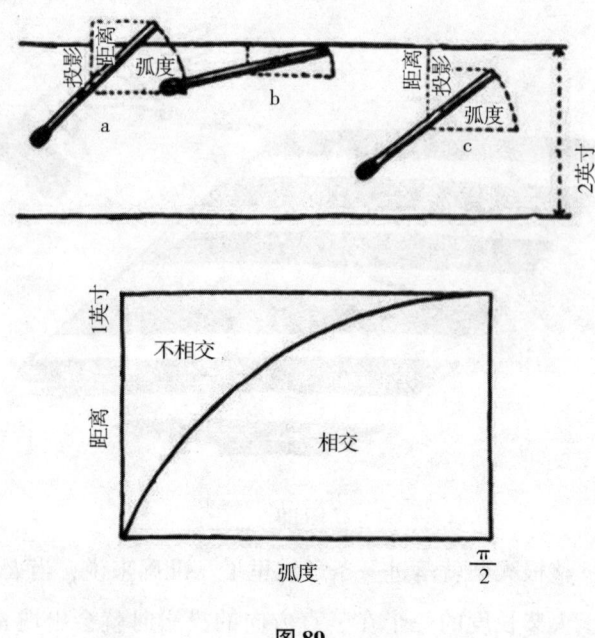

图89

根据概率规则可知，曲线下的面积和曲线上的面积与相交和不相交机会的比值相等，即用各自的面积除以矩形的面积就是两个事件发生的概率。我们可以用数学方法证明这点，图中正弦曲线下那部分的面积正好是1，矩形的面积是 $\frac{\pi}{2} \times 1 = \frac{\pi}{2}$。于是可知，当火柴的长度等于条纹宽度时，它和边界相交的概率是 $\frac{1}{\frac{\pi}{2}} = \frac{2}{\pi}$。

在这里居然也会用到 π，这真是一件有趣的事。最先注意到这点的是科学家布丰[①]，所以，也把这个问题叫作布丰问题。

一位勤谨的意大利数学家拉兹瑞尼（Lazzerini）做了具体的实验，当时他一共扔了3 408根火柴，其中和边界相交的有2 169根。如果把这组数据用进布丰公式，那么 π 的值就是 $\frac{2 \times 3\,048}{2\,169}$，即 3.141 592 9。和 π 的精确值相比，

[①] 布丰（George Louis Leclerc de Buffon, 1707—1788年），法国博物学家、作家。

两者从第七位小数才开始不同!①

这是一个很有趣的证明概率定律实用性的例子,但和用扔几千次硬币的次数除以正面向上次数等于2这个实验相比,扔火柴实验的趣味性也不是很强。在后面这个实验里,你得到的结果肯定是2.000 000…误差和拉兹瑞尼得到 π 的值的误差一样小。

四、"神秘"的熵

上面的例子都是我们可以在实际生活中做到的,从中我们知道:如果对象的数目不多,推算的结果就不准确;对象的数目越多,推算的结果就越精确。这意味着如果用概率定律描述由无数分子和原子构成的物体时就更合适了。就算是小小的一块物质,它的内部也是有着数量庞大的分子或原子的。所以,用统计学定律研究分别走了几十步的六七个醉鬼时,我们只能得到大概的结果;研究数十亿染料分子在一秒钟时间里进行了数十亿次碰撞时,由统计定律就可推导出非常严格的扩散定律。可以这样认为:原先在试管中溶解在一半水里的染料,随着扩散的进行会在液体里分布得很均匀,这是因为均匀分布的可能性远远大于保持原先分布的可能性。

与此相同,在我们居住的房间里,到处均匀地充满着空气。我们应该从来没有遇到过这种情况:屋子里所有的空气突然聚集在墙角,而我们在屋子中心窒息。但是,出现这种情况的可能性也是有的,只是可能性极低极低而已。

设想一下,把一个房间从中间分开,在这相同的两部分里,空气中各种气体分子的分布情况会是怎样的呢?前面我们说过,如果抛出一枚硬币,那么这枚硬币正面向上和反面向上的机会是相同的。同样的道理,任意一个分子分布

---

① 作者原书此处出现多处错误。具体为

第一,原书将 $\dfrac{2 \times 3\ 408}{2\ 169}$ 错排成 $\dfrac{2 + 3\ 408}{2\ 169}$。

第二,$\dfrac{2 \times 3\ 408}{2\ 169}$ 计算结果应为 3.1424619…,并不是原书的 3.1415929。

第三,上述计算结果与 π 的精确值相比,只是从小数点后第三位开始不同,与原文所述"两者从第七位小数才开始不同!"相差甚远。——编译者注

在房间两部分的机会也是相同的。

除了这个分子,剩下的所有分子在不受彼此之间的作用力的条件下,分布在房间两部分的机会也是一样的①。于是,与一大堆硬币正面和反面朝上的个数相同一样,分子对半分布的机会也是最大的,通过观察图84我们就会知道这一点。另外我们还知道,随着抛的次数增加(或分子数目的增加),对半的可能性就越来越大,当数目大到一定程度时,"可能"就会变成"必然"了。在一个正常大小②的房间里,分子数约有10^{27}个(因为空气是多种气体组成的混合物,这一说法不严谨。——编译者注),它们一起在其中一半房间里的概率就是$\left(\frac{1}{2}\right)^{10^{27}} \approx 10^{-3 \times 10^{26}}$,即1对$10^{3 \times 10^{26}}$。

此外,空气中各种气体分子的平均运动速度大约是0.5千米/秒。所以,只需要短短的0.01秒时间,分子就会从房间这头移动到房间那头,换句话说,分子在房间里进行100次分布的时间是1秒钟。所以,要经过长达$10^{299\,999\,999\,999\,999\,999\,999\,998}$秒的时间,才会得到空气全部位于房间右侧(或左侧)的分布。你是否知道,宇宙形成的时间才只有10^{17}秒!这下终于不用担心自己会被憋死了吧?

假如有一杯水摆在我们面前,在热运动的作用下,水分子会以极快的速度向四周运动。然而由于内聚力的存在,水分子不会跑出来。由于任意一个水分子运动的方向都遵循概率定律,所以我们可以考虑下面这种可能:在某一刻,处在杯子上部分的水分子向上运动,处在杯子下部分的水分子向下运动③。这时,在杯子中间处,即水分子分界的地方,内聚力的方向是水平的,所以它无法阻挡水分子的分离。这样的话,我们会观察到一个神奇的现象:杯子上部的水像子弹般射向空中。

---

① 事实上,由于气体分子间距离很大,所以空间并不拥挤,因而在一定的体积内,不会由于存在大量气体分子而影响其他气体分子再进入其中。

② 假设这间房间的长、宽、高分别是15,10和9英尺,体积为1350英尺³,也就是5×10^7厘米³,可以容纳5×10^4克空气。空气分子("空气分子"这一概念不正确,因为空气是由多种气体混合而成,不是纯净物。——编译者注)的平均质量大约是$30 \times 1.66 \times 10^{-24} \approx 5 \times 10^{-23}$克,因此,所有分子的个数就是$5 \times 10^4 / 5 \times 10^{-23} = 10^{27}$。

③ 由于能量守恒定律,所有分子不可能朝一个方向运动,所以水分子是对半的速度分布。

还有一种可能：这杯水的热能全部集中在上半部分，所以上半部分的水沸腾了，而下半部分的水却结冰了。你见过这种情况吗？这不是不可能发生的，而是发生的可能性极低极低。其实，当你算出分子在进行无规则运动时无意中得到两组相反速度的概率后，你会发现这个数字和屋子里所有空气都集中在某一处的概率相差无几。同理，一部分分子的大部分动能因为相撞而被消耗，而另一部分分子得到这些能量的概率小得可以忽略不计。所以，我们实际看到的情况，就是速度的最大概率分布。

如果分子的速度或位置在物理过程开始时不在最可能的状态，例如从房间的一个角落释放气体、把热水倒在冷水上，那么就会发生物理变化，导致这个体系从较不可能状态达到最可能状态。角落里的空气将均匀布满房间，热水倒入后，水的温度也将变得均匀。所以可以说：所有依赖分子无规则热运动的物理过程，其发展方向都是朝着概率增大的方向，如果达到平衡，则这一过程停止，那么概率也将达到最大。在一些例子中（如空气全部聚集到房间某一角落，其概率的数字是 $10^{-3 \times 10^{26}}$），概率的数字往往很小、很不方便记录，所以，我们取这个数的对数，这个数值叫作"熵"。在所有和物质无规则热运动相关的现象中，熵起着主导作用。于是我们可以这样写下物理过程中概率变化的叙述：在物理系统中，所有自发变化的发展都朝向熵增加的方向，当达到平衡时，熵的值就是最大可能值。

这个定律被称为"熵定律"，也叫作"热力学第二定律"（能量守恒定律是第一定律）。

通过以上例子可知，熵的值达到最大后，分子的速度和位置分布得毫无规则，想要让分子运动变得有序，熵就会变小。因此，又可以把熵定律称为"无序加剧定律"。从研究热转变为机械运动的过程中，可推导出熵定律的另一个比较实用的数学公式。我们前面知道，热实际上就是分子的无规则运动，所以，要使内部热能转化为机械能，那么就需要让物体内的分子有共同的运动方向。前面已经说过，杯子里的水有一半冲向天空的概率极低极低，可以认为不会发生。所以，虽然可以让机械运动的能量全部转化为热能（如采用摩擦的方式），但是永远不会发生热能全部转化为机械能的事情。所以，通过在常温下吸收物体热量并降低物体温度，以此获得能量做功的"第二类永动机"[①]就不可能实现了。同样，我们造不出这样的船：不用消耗燃料，只靠吸收海水的能量产生蒸汽作为动力，再将失去热量的海水变成冰块扔进大海。

为什么蒸汽机能够在将热变为功的同时而又不违反熵定律呢？这是因为燃料燃烧后放出的热有很大一部分被冷却系统吸收或变成废气排进大气，转化为机械能的只是一小部分。在系统中，会出现相反的熵变化：①一部分热转化成活塞的机械能，此时熵会减小；②其余热量从锅中进入冷却系统中，此时熵会增大。由熵定律可知，系统的总熵是增大的，所以，第一个因素比第二个因素小一些即可。可以用一个例子来解释：把一个 5 磅（约 2.3 千克）的物体放在 6 英尺高的地方，在不受外力的情况下，这个物体不会飞向天空。但是，它能把自身的一部分甩向地面，同时还会利用它本身放出的能量使其余部分上升。

在剩下的部分中，有相应的熵增大来补偿，就能做到让系统中某部分物体的熵减小。也就是说，对于那些进行无序运动的分子，如果不在意其中的一部分变得更加无序的话，我们可以做到使另外一部分变得有序。事实上，我们已经把这种做法用在了所有热机械的场合和其他许多情况中。

五、统计涨落

现在各位应该明白了，只有在以数量庞大的分子为对象的基础上才会建立熵定律及其推论，这样才能让基于概率的推测变成事实。当物质数量比较小的时候，这类推测就令人怀疑了。

以前面说过的那个正常房间为例，当它变为一个各边长均为百分之一微米[②]的正方体空间时，情况就不同了。实际上，因为这个空间的大小只有 10^{-18} 厘米^3，包含的分子个数是 $\dfrac{10^{-18} \times 10^{-3}}{3 \times 10^{-23}} \approx 30$ 个，它们全部分布在一半空间的概

[①] 所谓的"第一类永动机"是违背能量守恒定律的，因为这种机械装置设想为不用输入能量却能自行做功。

[②] 1 微米等于 0.0001 厘米，常用 μm 表示。

率为 $\left(\frac{1}{2}\right)^{30} \approx 10^{-10}$。

另外，因为这是一个极小的空间，分子改变混合状态的次数为 5×10^{10} 次/秒（速度为 0.5 千米/秒，距离仅为 10^{-6} 厘米），所以，空出一半的机会就是 10 次/秒。至于空间中一半比另一半集中更多分子的情况是会经常发生的，例如这 30 个分子，有 20 个在一端，10 个在另一端，这种情况会以

$$\left(\frac{1}{2}\right)^{10} \times 5 \times 10^{10} \approx 10^{-3} \times 5 \times 10^{10} = 5 \times 10^{7}$$

即 5 000 万次/秒的频率发生[①]。

所以，空气中各种气体的分子在小范围内远远不是均匀分布的。如果我们把分子放大了看，就会发现分子先在某个地方集中起来，然后散开，之后又在另一个地方集中起来。这种现象叫作"密度涨落"，它有着非常重要的作用。例如穿过大气层的阳光，它的光谱会在大气不均匀的性质下发生蓝色光的散射，所以我们会看到蓝色的天空。此时太阳也会变得比事实上红，尤其是在日落时分，因为这时阳光穿透的大气层最厚。假如没有密度涨落现象，天空就是黑色的了，即使是白天也可以看到星星。

密度和压力的涨落在液体中也存在，但表现得并不明显。所以，布朗运动有了新解释：因为受到各方的压力不断变化，所以在水中悬浮的微粒才会被到处推搡。随着液体温度的升高，密度涨落会变得更加明显，导致液体呈现出乳白色。

熵定律可以对由涨落主导的小物体起作用吗？这么小的细菌，肯定不会遵循热不能变成机械运动的观点！然而我们也不能因此就说熵定律是不正确的，实际上这个定律是说：分子的运动无法转化成包含极大量分子的物体的运动。由于细菌和分子大小差不多，因此机械运动和热运动的区别对它来说是可以忽略的。假设我们是一个细菌，把我们安放在飞轮上就会成为一台第二类永动机。然而这样一来，我们就没有大脑来想法子利用这台机器了，所以不是细菌也没什么可遗憾的。

[①] 准确地说，这里的 10 和 20 并不是刚好有这么多，这是一个大概的数字。

在生物体身上，熵定律的应用好像出现了矛盾。事实上，植物获得二氧化碳（从空气中）和水（从土壤里）的简单分子，再将二者合成，组成自身的复杂有机物分子。由于分子从简单变为复杂，说明熵减小了。还有一些时候熵是增大的，例如通过燃烧，把组成木头的各种分子变成水分子和二氧化碳分子。可以认为植物违反了熵的增加定律吗？还是在植物内部有着什么神秘的力量呢？

其实是不矛盾的。这是因为植物除了吸收水分、二氧化碳之外，还吸收了阳光。阳光中不仅有存储在植物中、燃烧时又放出的能量，还有"负熵"（即低熵）。随着植物的叶子吸收阳光，负熵就随之消失。所以，光合作用有下面几个相关的步骤：①太阳的光能转化为有机物分子的化学能；②太阳光的低熵使植物的熵降低，简单分子组成了复杂分子。用"有序对无序"来解释就是：植物吸收太阳光后，光线内部的秩序转移给分子，分子变得更加复杂。植物从阳光那里得到了负熵，从无机物那里得到了物资供应；动物通过吃掉动植物得到负熵，它们是间接使用了负熵的。

第九章 生命之谜

一、我们是由细胞组成的

前面我们讨论的是物质结构，故意没有提到数量虽然少却很重要的物体。这类物体是活的，和宇宙间另外的物体有着很大区别。非生物体和生物体间主要有什么区别呢？物理定律能够成功解释非生物体的性质，那么它能解释生命现象吗？

看到"生命"这个词，我们脑海中就会出现一些比较复杂、比较大的活体，例如一棵树、一头牛、一个人。以它们为出发点对生物的基本性质进行研究是很困难的，你可以想象以汽车等复杂机器为研究对象来分析无机物的结构有多困难。

遇到的阻碍是可以想象的。一辆汽车的构成非常复杂，包括成千上万个物理形态不同的部件。有些是气体，如汽缸里的混合气；有些是固体，如底盘、风挡玻璃等；有些是液体，如水箱中的水、油箱中的汽油。所以，想要分析汽车就要先把组成汽车的部件一一分离归类。之后我们就会发现，汽车的组成部分有金属（钢、铜、铅等）、非晶体（如构件中的玻璃和塑料）和均匀的液体（如水和汽油）。

通过进一步研究我们会知道，混合气是由氮分子、氧分子和组成汽油的分子组成的；金属部件由微小的晶体组成，而晶体又是由有规则排列的金属原子组成的；水箱中的水由水分子组成，水分子又可分为两个氢原子和一个氧原子。

同理，在分析人一类复杂生命体的时候，我们也要先将它划分成单独的器官，如心、肝、肺等，接下来再把器官分为生物学中的"单质"，也就是"组织"。

单质构成了复杂的机器装置，与之类似，组织也构成了复杂的生物体。换句话说，和工程学上用物质的电磁学、力学性质研究机器的作用一样，生物学和解剖学是根据组织的性质来研究生物体的作用的。

所以，想要解开生命之谜，只研究组织如何组成生命体还远远不够，还要弄清组织是怎样由"不可分割"的单元组成的。

如果把单一的生物组织和普通物理单质等同，那么将会犯大错。只要你任取一种组织，如皮肤组织、肌肉组织等，把它们放在显微镜下观察，很容易就能看出它们包括很多小单元，小单元从一定程度上决定了组织的性质（如图 90 所示）。我们把这些小单元称为"细胞"，有时也称为"生物原子"（即"不可再分者"），因为至少有一个单个细胞存活才能保持组织的生物学的性质。

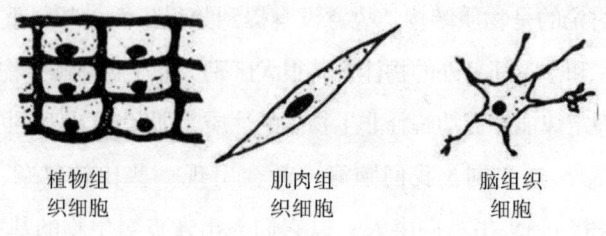

植物组　　肌肉组　　脑组织
织细胞　　织细胞　　细胞

图 90　各种类型的细胞

和半个镁原子不能叫作镁一样[1]，如果我们把肌肉组织切成半个细胞大小，那么这个组织就不具备肌肉的收缩等性质。

正常情况下，动植物都是由很多细胞组成的，例如几百万亿个细胞才组成一个成年人。可见构成组织的细胞非常微小，实际上它们的平均粗细仅为百分之一毫米左右[2]。

那些比较小的生命体的组成细胞数也比较少。例如一只苍蝇或一只蜜蜂最多有几亿个细胞。还有一些生物如真菌等都是单细胞生物，肉眼是观察不到它们的。在生物学上，最令人振奋的事情莫过于研究单个活细胞了。

想要了解并弄清生命问题，必须先弄清楚细胞的性质和结构。为什么死细

---

[1] 前面我们说过原子结构：镁原子（原子序数是 12，原子量是 24）的原子核有 12 个中子和 12 个质子，核外围绕着 12 个电子。把镁的原子核分开后，可以得到两个新原子，分别有 6 个中子、6 个质子和 6 个电子——这正是两个碳原子。

[2] 有的细胞很大，例如，鸡蛋黄就是一个细胞。但有生命的部分只有用显微镜才能看清，其余部分都是作为鸡的胚胎发育所需的养料而存在的。

胞（如做成家具的木头中的细胞）和活细胞有这么大的不同呢？

这是因为活细胞有着独特的性质：①从周围物质中获取有用成分；②把这些成分转化为帮助自己生长的物质；③长到足够大后可以分裂成两个细胞，这两个细胞的大小等于原细胞的一半并且能够长大再继续分裂。复杂机体就是由这些细胞组成的，肯定也具备了"吃""长""生"的能力。

也许有人会说，普通的无机质也有这三个性质。例如把一粒食盐放进过饱和食盐水①里后，一层层食盐分子就会从溶液中被驱赶出来而"长"在这粒食盐表面。继续下去的话，这粒食盐会因为质量的增加而分裂成两半，裂开后的微粒会继续"长"并且分裂下去，这难道不是生命的过程吗？

在回答问题之前要说明的是，如果认为生命现象是一种比较复杂的物理化学现象，在非生物和生物之间就不会有什么明显的界限了。在第八章我们说过，用统计学定律描述大量气体分子的运动时，我们无法确定统计学定律的适用界限，二者是一样的。我们已经知道，房间内所有气体突然聚集到一个角落里的事情几乎是不会发生的，但如果在这个房间里只有几个分子，它们就会常常集中在一起了。

然而，从可以集中到不可能集中的分界线是多少个分子呢？几百？几十万？还是几亿？同理，水溶液中的食盐结晶和细胞的繁殖分裂也不存在一个明确的界线。虽然生命现象远比这些现象复杂，但本质上区别不大。

我们可以这样叙述刚才的例子：食盐粒的生长只是把"食物"原原本本地聚集在一起，将水中的食盐分子聚集在晶体表面。从本质上说，这不是生物学上的吸收，只是物质的增减。晶体之所以会分裂主要是由于重力原因，并且分裂后的碎块大小不一，而生物细胞的精确分裂是由于内部作用。所以，上述现象和生命现象不能混为一谈。

下面是一个与生命现象更像的例子，如图 91 所示。把一个酒精（乙醇）分子（C_2H_5OH）加入二氧化碳的水溶液中后，它就会自动把二氧化碳分子和

---

① 把大量的食盐溶进热水，再冷却到室温就得到了过饱和食盐水。随着温度的降低，溶解度逐渐变小，这时水中就含有过量的食盐分子。但这些多出来的食盐分子可以长时间待在溶液中，直到把一粒食盐扔进去。也就是说，这粒食盐为溶液中的食盐分子被赶出来提供了动力。

水分子合成新的酒精（乙醇）分子①。那么，把一滴威士忌加入苏打水中后，全部苏打水就会变成纯威士忌酒。这样一来，我们就可以认为酒精（乙醇）真的是个"活物"了！

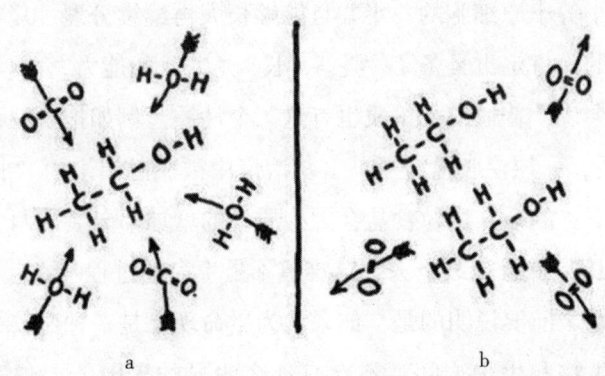

图91 假如真能实现这个过程，酒精（乙醇）就算是"活物"了

这是个例子并不是捏造出来的，接下来各位会知道，有一种被称为病毒的化学物质，它的复杂分子包括了数十万个原子，而且能把周围的分子吸收并使它们变成和自己相同的分子。这些病毒既可以认为是活的机体，也可以认为是普通的化学分子，它是连接生物和非生物的中间环节。

下面我们回来继续研究普通细胞生长和繁殖，虽然它们很复杂，但已经是最简单的活机体了。

通过高倍显微镜可以看到，典型的细胞是一种半透明的胶状物质，这种物质被称为"原生质"，其化学结构相当复杂。在原生质外面包裹的是细胞壁，植物的细胞壁是厚而硬的壁，动物细胞则是薄而软的膜（如图90所示）。细胞内的球状物体是细胞核，它是由染色质构成的（如图92所示）。需要注意的是，我们无法用显微镜直接观察细胞的结构，因为原生质的各部分有着相同的透光率。所以，我们可以利用原生质的各部分有不同的吸收染料能力这一性质，在观察的时候给细胞染色。由于细胞核的细网吸收染料能力比较强，所以它会突出显

---

① 这个想象的化学反应的方程式如下：
$3H_2O + 2CO_2 + C_2H_5OH = 2\,[C_2H_5OH] + 3O_2$

示在镜头下①。于是有了"染色质"（即吸收颜色的物质）这一名称。

如图 92 b 和 c 所示，细胞核的网状组织在细胞即将分裂时会有很大变化，变成一组丝状或棒状的东西，它们被称为"染色体"（即吸收颜色的物体）。可以看一下后面图版 V 的 a 和 b②。

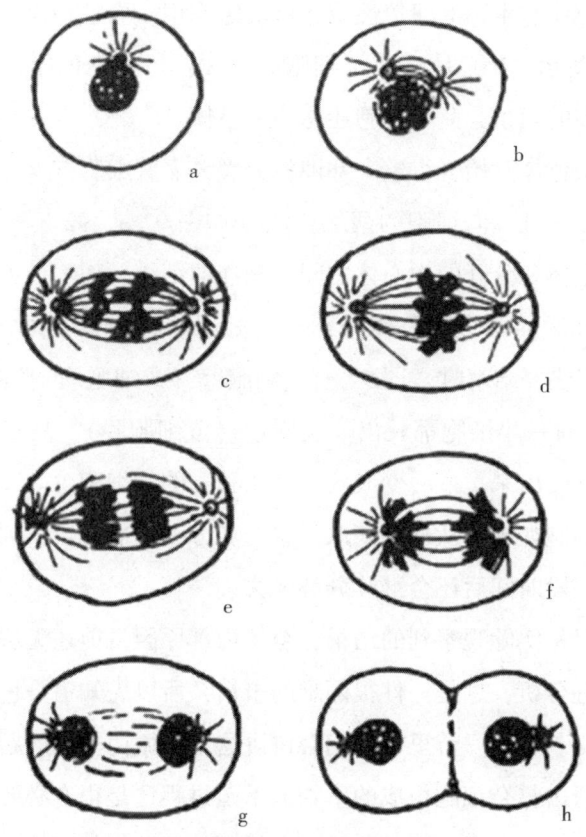

图 92　细胞分裂的各个阶段（有丝分裂）

除生殖细胞外，对任意一种特定物种而言，其体内所有细胞的染色体数目都是相同的。正常情况下，染色体多的生物比较高级。例如在果蝇、豌豆和玉米细胞内，染色体的数量分别是 8 条、14 条和 20 条，我们人类的是 46 条，从

---

①　用白蜡在纸上写的字是显现不出来的，但写完后再把这张纸用铅笔涂黑，用蜡写字的地方就会因为没有沾上石墨而呈现出字来。二者原理相同。

②　需要注意的是，被染色后的细胞会死掉。所以，图 92 里的是同一种细胞的不同阶段，而不是同一个细胞，但它们的原理是没有任何区别的。

数量上看，人是果蝇的近6倍。但也不要骄傲，因为蛤蜊是200条，是人的4倍多，所以我们说是在"正常情况下"。

还有一点很重要，染色体的数目都是偶数，并且是几乎相同的两套（详见图版Ⅴ的a图，在本章我们还要讨论例外情况），这两套分别来自父亲和母亲。这两套染色体对生物的遗传性质起着决定作用，而且一代一代往下传。

如图92 d所示，染色体造成了细胞的分裂：每条染色体先沿着长度的方向整齐分为较细的两条，此时细胞还是一个整体。

随着这团染色体开始变得整齐并即将分裂，靠着细胞核外缘、距离很近的两个中心体慢慢离开，向细胞的两端移动（如图92 a，92 b和92 c）。这时，细胞核中的染色体和分开的中心体之间是相连的细线。随着染色体的分开，收缩的细线把分开后的两个染色体分别拉向旁边的两个中心体（图92 e和92 f）。在分裂过程快要结束时（图92 g），细胞壁（或细胞膜）沿中心线向里凹陷（图92 h），每一半细胞都长出一层厚壁（或细胞膜）。只有原来细胞一半大的两个细胞分离出来，最后变成两个互相独立的新细胞。

这两个新细胞如果能从外界获取足够的养分，它们就会长到原先的细胞那么大，而且过一段时间后还会继续分裂下去。

上述步骤只是实际观察到的结果，至于内部原因目前还无法得知。对复杂的细胞进行物理分析，这是一件很困难的事情，所以先知道染色体的本质才是攻克难题的关键。在下一节里，我们会讲讲这个稍微简单的问题。

但是，弄清由复杂细胞组成的生物的繁殖过程还是很有必要的。有一个难题：到底是先有鸡还是先有蛋？这是一个循环的问题，但不管先有谁，情况都一样（其他动物也是如此）。

我们以小鸡为例。经过多次连续的分裂，受精鸡蛋最终发育成小鸡。前面说过，一个受精卵不断分裂，形成数以亿计的细胞，这些细胞最终组成动物体。你可能会想，形成这么多细胞要经过多少次分裂啊！不过，如果你记得第一章中向国王要麦子的故事，你就不会这么想了。显然，虽然分裂次数不多，但也能形成数量极大的细胞。我们把一个细胞分裂为组成成年人所有细胞个数的分裂次数用 x 表示，同时还知道下一次分裂后细胞的数量是原来的两倍，于是得到如下式子：

$2^x = 10^{14}$

计算后 x 的值是47。

所以，人体内细胞都是最初那个卵细胞的大约第五十代后代。

动物幼体时细胞分裂很快，当这个生物体成熟后，其体内大多数细胞通常处于休眠状态。有时也偶尔发生分裂，以补充损耗带来的数量减少。

下面我们来研究一下负责生殖的"配子"（即"婚姻细胞"）的分裂过程，这是一个比较特殊的问题。

任何有两个性别的生物体，在最初阶段都会储备一些细胞，以供后来的生殖之用。这些细胞被储存在专门的生殖器官里，只随着器官的生长而分裂几次，次数远小于其他器官里细胞的分裂次数。所以当用它们产生下一代时，它们仍然有着非常旺盛的生命力。如图93 a，93 b 和93 c 所示，此时它们会以更简单的方式分裂：染色体只是简单地分开，每个子细胞都获得原来的一半染色体。

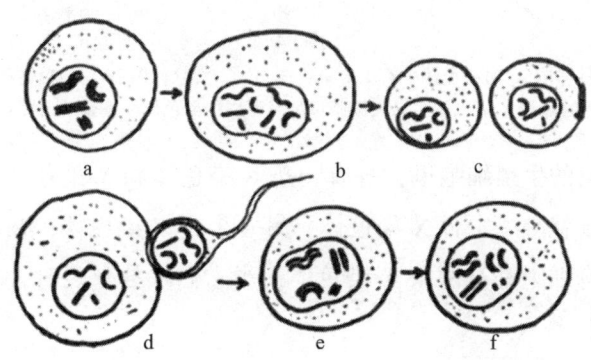

图93

图中a，b，c是配子的生成过程，d，e，f是卵细胞的受精过程。
在第一阶段（减数分裂），生殖细胞直接分成两个"半细胞"；
在第二阶段（配合），精子细胞进入卵细胞。二者染色体结合，
接下来受精卵的分裂过程就像图92那样正常分裂了

细胞的一般分裂称为"有丝分裂"，能产生"部分染色体"细胞的分裂是"减数分裂"。这种分裂会产生两种子细胞，即"精子细胞"和"卵细胞"，也可以叫作雄配子和雌配子。

你可能会问，雄、雌两种配子怎么会从一个细胞中产生出来呢？这是因

为：前面我们说过两套相同的染色体，其中有一对特殊的染色体在雄性生物体内是不同的，而在雌性生物体内是相同的。我们把这对染色体叫作性染色体，用字母 X 和 Y 把它们区别开来。在雄性动物体内有 X 和 Y 染色体各一条，在雌性动物体内则有两条 X 染色体①。如图 94 所示，如果换掉一条 X 染色体，性别就不一样了。

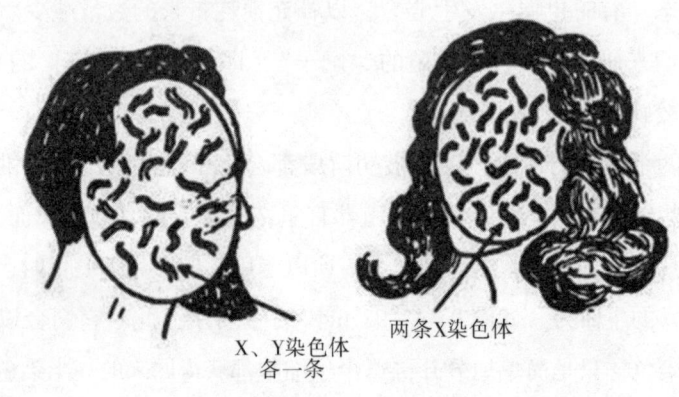

图 94

人体中，男性体内 23 对染色体中有 1 对染色体不同，女性体内 23 对染色体都两两相同。女性细胞里的都是 X 染色体，男人细胞里那对不同的染色体一条是 X，另外一条是 Y

在雄性生物的生殖细胞里，各有一条 X 染色体和 Y 染色体，所以它减数分裂的两个配子就是一个含 X 染色体，另一个含 Y 染色体；在雌性生物的生殖器官里，所有细胞都有两条 X 染色体，当它们减数分裂时，每个配子都获得一条 X 染色体。

受精的时候，精子细胞和卵细胞结合。此时可能出现两种概率相等的情况：产生的细胞里 X 染色体和 Y 染色体各一条，或产生的细胞含有一对 X 染色体，前者和后者分别发育成男孩和女孩。

在下节我们会继续说这个问题，现在回到生殖过程上来。

精子细胞和卵细胞结合成一个完整的细胞后，它就开始像图 92 那样以"有丝分裂"方式分裂。这个过程一直持续下去，分裂得到的新细胞中的染色

---

① 人类和哺乳动物符合这个规律，鸟类与之相反。例如在母鸡体内有两条不同的染色体，公鸡体内的染色体则相同。

第九章 生命之谜

体和受精卵中的是一样的。如图 95 所示,这就是受精卵发育为成熟个体的过程。

精子进入休眠的卵细胞如图 95 a 所示,这个完整的细胞如图 95 b,95 c,95 d,95 e 那样开始分裂,细胞数量按 2,4,8,16,…的方式增加,随着细胞数量的增加,它们会像肥皂泡那样排列。为了便于得到周围的养分,所有细胞都待在表面(95 f)。接下来细胞会凹陷进内部的空腔中(95 g),"原肠胚"阶段开始。这时它就变成一个荷包的形状,开口兼具进食和排泄功能。低等动物如珊瑚虫的发育就到这里为止了,更高级的物种继续前进。有的细胞变成消化、呼吸、神经等系统,有的细胞变成骨骼。经过胚胎的各个阶段后(95 i),最终成为可辨认出的生物(95 k)。

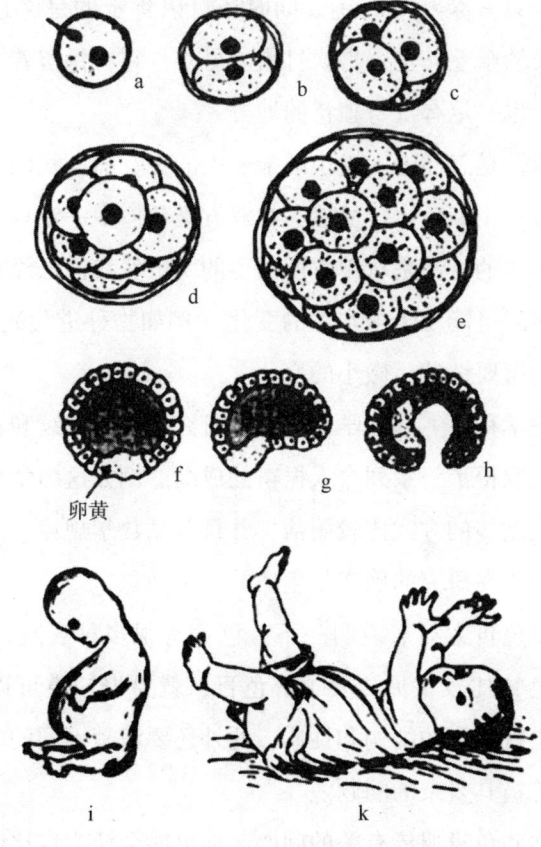

图 95　从卵细胞到人

我们说过，机体中有些细胞在发展最初被储存起来以供将来繁殖之用。随着机体的成熟，这些细胞发生减数分裂，产生配子，再开始重复上述过程。生命也因此得到了延续。

二、遗传和基因

需要注意的是，来自双亲的两个配子变成的生命不会变成其他物种，而是变成父母的复制品，尽管有些不同，却也非常忠实。

的确如此，塞特猎犬生下来的小狗不会长成大象或兔子的样子，也不会长到大象那么大或长得比兔子还小。它的样子就是"狗"样：四条腿、一条尾巴、两只眼睛、两只耳朵和一张嘴。同时还可以肯定的是，它的双耳也会下垂，身上长着长长的金毛，也很喜欢打猎。另外，它在保留着祖辈流传下来的种种特点的同时，也一定有自身独特的地方。

猎犬的这些特性是怎样进入极小的配子中的呢？前面我们说过，生物体从父母那里各自获得一半染色体。显然，在双方染色体中一定具备这个物种的共性，此外，单独个体的特性是从单方面获得的。虽然我们已经知道，动植物的性质在繁衍许多代后可能发生根本性的变化（例如物种进化），但我们在有限的时间里只能看到次要性的、微小的变化。

有一门新兴的学科——基因学，它主要研究物种的延续和特性。虽然这门学科比较年轻，但取得了一系列令人振奋的成绩。例如这门学科证明，和大多数生命现象不同，遗传的方式比较简洁，并且遵循数学规律。这也就意味着这样一个事实：我们正在研究的确实是生命的基本现象。

接下来我们以色盲为例来说明一下。色盲有很多种表现，红绿色盲（即分不清红色和绿色）比较常见。要了解色盲，就要先知道可以看见颜色的原因，同时还要知道视网膜的结构和性质，此外还要清楚不同的光波分别会引起怎样的化学反应等极其复杂的问题。

假如有人问你和色盲遗传有关的问题，你可能会认为这比明白色盲本身还要困难，但答案却是非常简明。通过统计数据可知：①男性色盲患者远多于女性色盲患者；②正常母亲和色盲父亲的孩子不会患有色盲；③正常父亲和色盲母亲的女儿不会患有色盲，但他们的儿子是色盲。由此可知，性别和色盲的遗传有着很大的关系。只要假设因为某条染色体的缺陷才会导致色盲，而且这条染色体会一代代传下去，通过判断就能获得进一步的假设：X 染色体的缺陷是造成色盲的根本原因。

以这个假设为基础，结合日常生活中的经验，色盲的规律就很容易摸清了。我们都知道，雄性细胞中有一条 X 染色体和一条 Y 染色体，雌性细胞中有两条 X 染色体。在男性体内，如果唯一的 X 染色体有色盲缺陷，那么他一定是色盲；在女性体内，只有两条 X 染色体都有色盲缺陷时她才会是色盲，因为一条 X 染色体的缺陷会被另外一条 X 染色体弥补回来。假如色盲缺陷以千分之一的概率出现在 X 染色体中，那么每 1 000 个男人里就会有一位色盲。同理，根据第八章的概率规律，女性体内两条 X 染色体都有色盲缺陷的概率就是：

$$\frac{1}{1\,000} \times \frac{1}{1\,000} = \frac{1}{1\,000\,000}。$$

也就是说，每 100 万个妇女中才会有一位先天色盲。

如图 96 a 所示，我们来研究患有色盲的丈夫和正常妻子。他们的儿子没有从父亲那里获得 X 染色体，而是从母亲那里获得正常的 X 染色体。所以，他不会患有色盲。

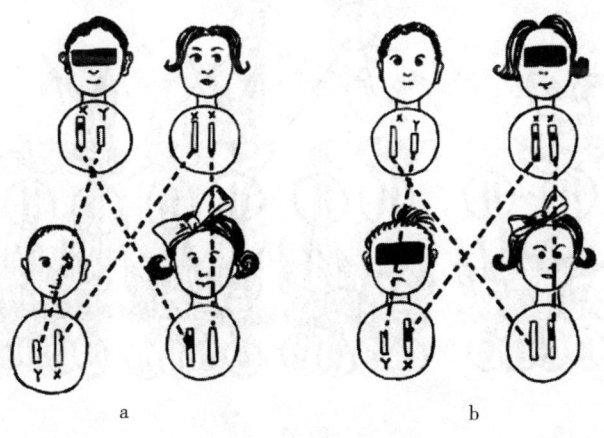

图 96　色盲的遗传

另外，他们的女儿从父亲那里获得带有色盲缺陷的 X 染色体，但又从母亲那里获得正常的 X 染色体。所以，她也不会患有色盲，但她的儿子有可能患有色盲。

如图 96 b 所示，这是正常丈夫和色盲妻子的情形。他们儿子的 X 染色体唯一来源是患病母亲，所以他一定是色盲；他们的女儿虽然也从母亲那里得到有缺陷的 X 染色体，但同时她又从父亲那里得到一条正常的 X 染色体，所以她不会是色盲。然而和前面一样，她的儿子可能患有色盲。这真是太简单了！

和色盲一样，很多遗传性质需要一对染色体都发生改变才会表现出来，我们称之为"隐性遗传"。这种性质能够隐藏起来，一代传给一代。有时候，两只漂亮的德国牧羊犬会生下一只完全不同的后代，就是由此造成的。

和隐性遗传相对应的是显性遗传，其性质在两条染色体中的一条发生变化时就能表现出来。我们用想象出来的一种奇怪的兔子来作为例子，这只兔子的耳朵和米老鼠一样。假设这种耳朵具有显性遗传的特征，也就是当一条染色体发生变化时，这只兔子就会长出这样的耳朵。假设这只兔子和它的后代都和正常的兔子交配，那么它后代的样子就会出现如图 97 所示的那样。在这幅图里，我们用小黑块标出这条不正常的染色体。

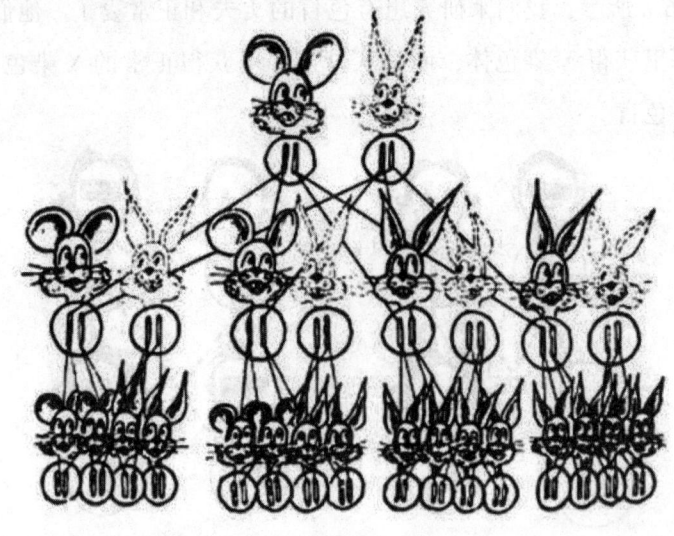

图 97

此外，还有一种中间型遗传特性。例如我们在院子里种开白花和开红花的两种茉莉，红花的精子细胞（花粉）被昆虫或风带另外一朵红花的雌蕊上时，就会和卵细胞（胚珠）结合并最终结出种子，这些种子以后开的花也是红色的。同理，白花共同培育的种子以后也会开出白色的花。然而，当红花的花粉落到白花的雌蕊上或白花的花粉落到红花的雌蕊上时，得到的种子以后就会开出粉色的花。然而粉花的种子是不稳定的，它的后代只有一半概率开出粉色的花，而开出白花和红花的概率分别是25%。

假设开红花或开白花的性质是附着在植物细胞的某条染色体之上的，上述情况就很容易理解了。当开出纯红或纯白颜色的花时，两条染色体相同，如果开出的花是粉色的，那么就是由一红一白两条染色体互相对抗的结果。图98就是记录颜色的染色体在下一代中的分布情况，从中也可以发现前面那种概率的数值关系。由这张图可知，白花和粉花的下一代50%是白花和粉花，但不可能是红花，红花和粉花的下一代50%是红花和粉花，但不可能是白花。这就是遗传定律，它是由奥地利植物学家孟德尔（Gregor Mendel）发现的。

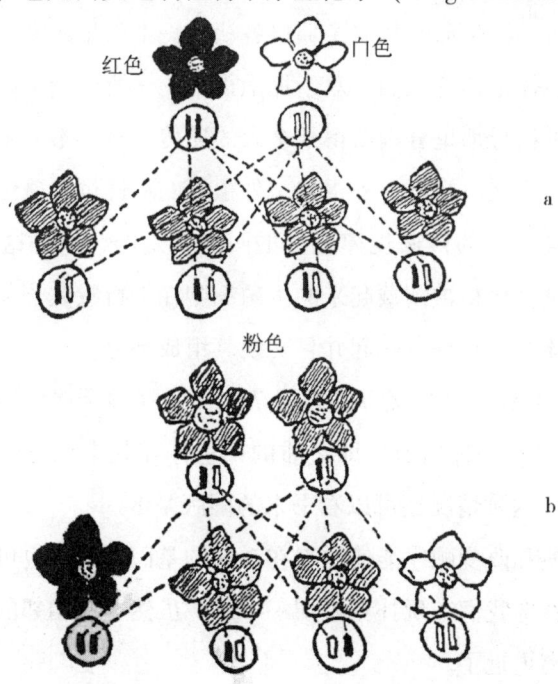

图98

从一到无穷大

现在我们已经在双亲染色体和新生生物之间建立起了紧密的联系，但染色体的数量相对于生物的性质来说显得极少（比如苍蝇的染色体8条，人的染色体46条），所以我们要假设每条染色体都带有很多特性。书末图版Ⅴa是果蝇唾液腺体的染色体①，上面那些横向分布的黑色条纹就是这些特性的藏身之处，一些条纹决定它的翅膀长成什么样，一些条纹决定它的颜色，还有一些条纹决定它的大小和外表。这些因素使它能够成为一只果蝇，而不是其他的动物。

基因学的结论证明，这是正确的印象。我们已经证明这些小条纹——基因——上具备遗传性质，同时还可以知道不同的基因决定生命体的哪些特性。

然而，所有基因在目前最强大的高倍显微镜下都呈现出几乎相同的外貌，所以，它们的不同点肯定藏在分子结构内部。

想要知道某个基因存在的目的，就要先弄清动植物在繁衍的过程中是怎样传递遗传性质的。

前面已经说过，新生命会从双亲那里各获得一半数量的染色体。可能你会认为，双亲的染色体也是从他们的双亲那里得来的，所以新生命只能在祖父和祖母、外祖父和外祖母那里分别获得某个人的遗传信息。不一定是这样的，实际上在某些时候，祖父、祖母、外祖父、外祖母的特性也会遗传给孙辈。

这说明上述染色体的传递规律是错的吗？不是的，只是这个规律过于简单。需要注意的是：最初被储藏起来的生殖细胞在进行减数分裂变成两个配子时，成对的染色体会互相缠在一起并且交换其组成部分。

图99 a和99 b就是来自父母基因混杂化交换（混合遗传的原因）过程的简图。图99 c是另外一种情况，即弯曲的染色体在某个地方断开后，基因的顺序发生了改变（这种情况还可以看书末的图版Ⅴb）。

很明显，交换和改变顺序能使原来在一起的基因分开，也可以使距离比较远的基因结合。就像我们在玩扑克时切一下牌，虽然一些相邻的牌被分开，但还有一些牌的距离更近了。

---

① 果蝇的染色体相对比较大，进行显微摄影也比较容易。

所以，在染色体发生变化的前提下，某两种遗传性质总是同时消失或出现在一起，那么就可以肯定它们的基因在染色体中是挨着的；同理，如果这两种遗传性质总是分开出现，那么它们的基因在染色体中一定是距离比较远的。

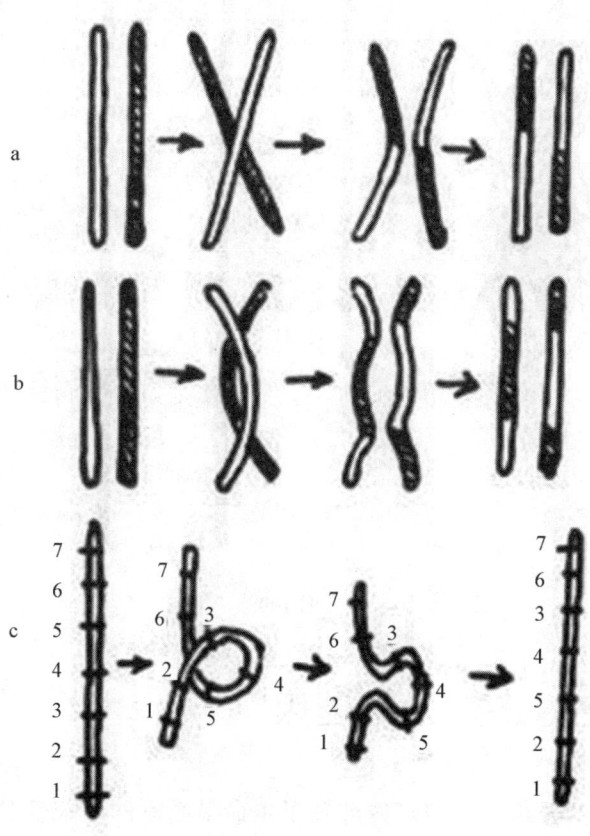

图 99

美国基因学家摩尔根（Thomas Hunt Morgan）在此基础上进行了深入的研究，最终确定了果蝇基因在染色体中固定的顺序，如图 100 所示，这就是他给果蝇的染色体列出的基因位置表。人和其他动物的基因表也可以像图 100 这样列出，但这个过程要复杂得多①。

---

① 在各国科学家的共同努力下，这份图表已经绘制出来了。

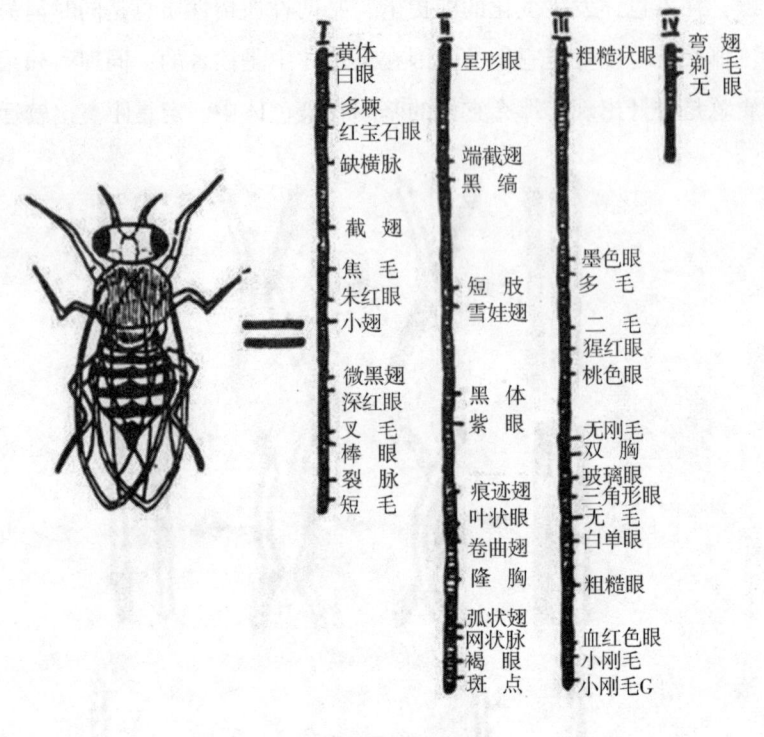

图 100

三、"活的分子"——基因

经过前面的分析,我们好像涉及了生命最基本的组成部分。大家已经知道,隐藏在细胞里的基因掌握着生物发育成熟和生命体的所有发展过程。甚至可以认为,动植物是以基因为中心生长的。可以打个比方,和大块无机物与其原子核之间的关系类似,活的机体和基因之间也是这种关系。原子核决定了物质的物理性质和化学性质,例如某个原子核有 6 个基本电量单位,6 个电子就会从周围靠过来;这种结构的原子通常形成六面体,成为折射率和硬度极高的物质,即金刚石。还有一些原子核,分别带有 29,16 和 8 个电荷,它们会组成紧密相连的原子,形成浅蓝色的硫酸铜。然而,就算是最简单的活的机体,它的复杂程度也要远超所有晶体。相同的是,它的宏观性质也是由一些微观的组织的活性中心决定的。

第九章 生命之谜

这个组织的活性中心大小如何？很简单：用染色体的体积除以基因数目就可以了。观测表明，平均每条染色体的粗细大约是千分之一毫米，其体积约为 10^{-14} 厘米^3。通过观察果蝇的染色体，我们知道一条染色体能决定几千种遗传性质，这个数字是经过计算果蝇大染色体上单个基因（横纹）数量得来的①。用染色体的体积来除以基因个数，可知一个基因的体积要小于 10^{-17} 厘米^3，原子的平均体积约为 10^{-23} 厘米^3 $[\approx(2\times10^{-8})^3]$，于是可知，单个基因由大约 100 万个原子组成。②

此外还可以得出基因的质量，这里以成年人为例。每个成年人的细胞数约为 10^{14} 个，每个细胞染色体的数目是 46 条，所以，人体内所有染色体加在一起的质量不到两盎司③重，体积是 $10^{14}\times46\times10^{-14}\approx50$ 厘米^3。不要小瞧这么点儿物质，生命体正是围着它们建立起来的。同时也是它们决定了生物的结构和生长，甚至是生物大部分的行为。

然而基因自己又是什么呢？可以认为它能够继续分下去，变成还要小的生物学单元吗？答案是否定的，基因就是生命物质的最小组成部分了。再深入一点说，要以肯定，基因因为具有生命特性而不同于非生物；但另一方面，基因也毋庸置疑地与复杂分子（如蛋白质分子）联系在一起，这些复杂分子遵循所有熟悉的普通化学定律。

也就是说，基因中间存在着无机物质和有机物质之间的过渡环节（即前面提到的活分子）。

基因可以使物种的特性传递千万代而不发生变化，这是它表现出的稳定性。另外，组成基因的原子数量相对较小，所以将基因视为按预定顺序排列的原子或原子团。基因不同，其性质也就不同，各种器官就是这种不同的外在表现。我们可以说，这是由于原子在基因结构中的不同分布而造成的。

我们再看一个例子。梯恩梯（trinitrotoluene，TNT，三硝基甲苯）是一种具有爆炸性的物质，它由 7 个碳原子、5 个氢原子、3 个氮原子和 6 个氧原子按照下列

---

① 一般的染色体很小，无法用显微镜分辨出单个基因。
② 继续研究发现，基因之间还存在着很多"垃圾片段"，所以这个数字应该不到 100 万个。——编译者注
③ 盎司是英制质量单位，1 盎司约为 28.35 克。——编译者注

三种方式之一排列而成：

α　　　　　　　β　　　　　　　γ

这3种排列方式的区别就是碳环和 NO_2 原子团以不同的方式连接，由此得到的3种物质分别叫作αTNT，βTNT和γTNT（α梯恩梯、β梯恩梯和γ梯恩梯）。虽然它们都具有爆炸性，但在溶解度、密度和威力上各不相同。通过把 NO_2 原子团移动的方法就可以得到另外一种梯恩梯了。在化学上，这类例子很常见，随着分子的增大，能够获得的同分异构体（变型）就相应增多了。

假设基因是一个巨大的分子，它由100万个原子组成，那么安排原子团的方式就数不胜数了。

我们还可以假设基因是一条长长的链子，它由按照周期重复的原子团组成，链子上还附着其他原子团，就像手镯上的坠饰。随着科学的发展，人们已经能够准确地画出遗传"手镯"的样子了。它被称为核糖核酸，由碳、氮、磷、氧和氢等原子组成。如图101所示，这就是用超现实主义画法画出的决定新生儿眼睛颜色的"手镯"（我们把氮原子和氢原子省略了）。4个"坠饰"说明这个新生儿有着灰色的眼睛，如果这些"坠饰"可以调整位置，就可获得多得难以计数的不同分布。

假设这个遗传"手镯"上"坠饰"的个数是 10 个,那么不同的分布就会有 $1 \times 2 \times 3 \times 4 \times 5 \times 6 \times 7 \times 8 \times 9 \times 10 = 3\,628\,800$ 种。

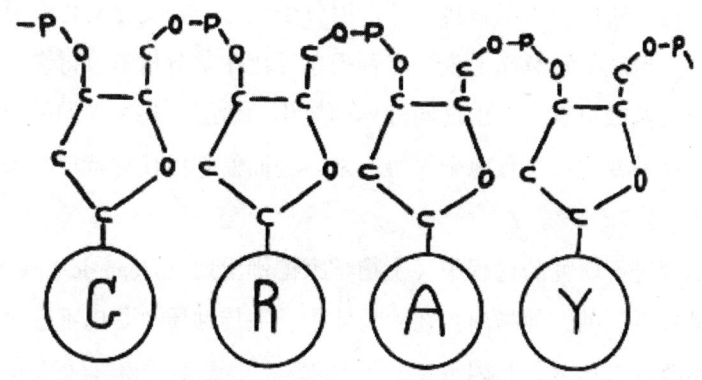

图 101　决定眼睛颜色的遗传"手镯"(核酸分子)的一部分(极简版)

当有些"坠饰"相同时,排列的结果就会减少。例如前面那个"坠饰"如果只有 5 种,那么不同的分布就是 113 400 种了。但是,随着"坠饰"数量的增加,排列的结果也会迅速增加。仍以前面那个假设为例,当"坠饰"的数量为 5 种,每种 5 个(共 25 种)时,那么不同的分布就会多达 62 330 000 000 000 种!

由此可知,因为不同的"坠饰"能够悬挂出这么多种不同的分布,所以这不仅能够满足所有实际变化所需,而且就算我们虚构出任何荒诞的生物,也可以用这些数字来应对。

这些沿丝状基因分子排列的"坠饰"决定着生物的性质,有一点对它们来说非常重要,那就是它们可能会自发改变分布情况,从而导致生物体发生宏观上的变化。造成自发改变的原因一般是因为热运动,随着温度的升高,分子就会慢慢裂开,即我们在第八章说的热离解。即使温度还没有让分子裂开,分子内部的结构也会因热振动而发生变化。于是可能会出现这样的情况:在分子振动时,悬挂其上的"坠饰"会接近别的挂钩,进而跳到这个钩子上。

我们都知道,在普通化学中一些简单的分子上会发生这种同分异构[①]现

---

① 同分异构是指构成分子的原子都相同,但原子相对位置不同的现象。

象。和所有化学反应相同,这种转变也遵循着这样的化学动力学定律:温度每升高10℃,反应速率就大约增大1倍。

由于基因分子结构太复杂,所以即使在今后相当长时间内,科学家们也不一定能搞清楚。所以,可以直接验证基因分子同分异构变化的化学分析法目前还没有找到。但从某种意义上说,有种现象要比化学分析省事得多,即假如雌雄两个配子的基因里有一个出现同分异构变化的情况,那么它们结合而成的细胞会把发生这种变化的过程完全保留下来,进而使它后代的特征在宏观上出现较大的变化。

在对基因进行研究的过程中,生物学家德佛里斯(Hugo de Vries)在1901年的发现是最重要的,他指出:在生物体中,遗传性质总是以不连续的跳跃形式发生自发改变,这就是基因突变。

我们仍以果蝇为例。从野外捕捉的果蝇绝大多数都是灰色身体、有较长的翅膀,但要是在实验室中培育果蝇,很可能在某一代出现图102中的那种特殊的果蝇:黑色身体、翅膀为短翅。

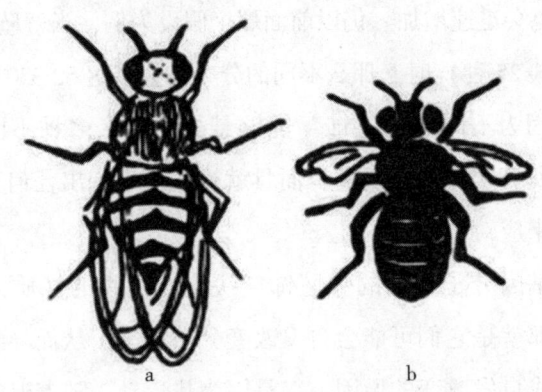

图102　果蝇的自发变异
a. 正常果蝇；b. 黑身短翅果蝇

需要注意一点,在正常果蝇和黑身短翅果蝇之外,没有呈现各种灰色、翅膀长短不同的果蝇出现。也就是说,在同一代上百只果蝇里,绝大多数和祖先一样,只会有一只或几只突然变化。要么不变,要么突变,但绝不存在逐渐改变的果蝇。还有很多类似的情况,例如人的色盲就不全部是因为遗传。还会有这样的情况,即孩子是色盲,但他的祖先都是正常的。如同果蝇翅膀长短变化一样,人是否为色盲遵循全有或全无的原则。我们要考虑的是一个人能否区分颜色,而不是考虑他分辨颜色的能力的强弱。

如果你知道达尔文(Charles Robert Darwin)[①],那么你就应该知道,生物下一代的性质发生改变,再加上竞争等原因,物种才能不断进化[②]。也正是因为这个原因,人类才会从几十亿年前的软体动物进化到现代人这么高级的生物阶段。

用基因分子同分异构变化的原理来解释跳跃式的遗传性质的改变,这就很容易理解了。实际上,"坠饰"在基因分子里的位置不会只改变一半,只能留在原处或来到新地方,从而导致生物体的性质出现不连续的改变。

实验结果表明,周围环境会影响生物的突变率,这个事实支持了基因分子同分异构造成突变的观点。如梯莫菲耶夫(Timoféëff)和齐默(Zimmer)研究温度对基因突变率产生影响的实验结果就表明,在不考虑周围介质和别的因素引起变化的前提下,这里同样适用普通分子反应时遵循的基本的物理化学定律。

在此基础上,德布瑞克(Max Delbrück)提出一个重要观点:生物突变和纯物理化学过程——分子同分异构是等效的。

我们可以不停止地谈论基因理论的物理基础,尤其是辐射可以造成突变的事例更是不计其数。但我们从现在开始就可以坚信:科学已经开始对生命现象进行纯物理解释了。

在本章结束之前,我们要说一说另外一种生物学单元,即病毒,它可能是一种不在细胞里的自由基因。不久前人们还认为最简单的生命形式是各种细菌,它们是一种单细胞生物,在动植物的组织内不断繁殖、生长,有时会导致疾病的发生。例如人们已经知道,一种 3 微米长、1/2 微米粗的杆状细菌会引起伤寒病,直径 2 微米左右的球状细菌会引起猩红热。虽然像引起流行性感冒

---

① 达尔文(1809—1882 年),英国博物学家,创立了进化论。——编译者注
② 突变现象对进化论做出了有限的修改,即进化不是因为连续的小变化所形成的,而是因为不连续的跳跃变化而造成的。

和烟草花叶病这样的致病原无法用普通显微镜看到，但人们根据这些疾病的传播方式和一般传染病的传播方式相同得出假设，那就是有某种假想的生物携带着这些疾病，于是人们称它们为"病毒"。

随着科技的进步，人们在电子显微镜的帮助下才看到病毒的结构。人们看到，病毒里有大量微粒。如图 103 所示，病毒远小于细菌，同种病毒的大小一样。流感病毒的微粒呈球状，其直径约为 0.1 微米，烟草花叶病毒则呈细棒状，它的长度和直径分别约为 0.280 微米和 0.015 微米。

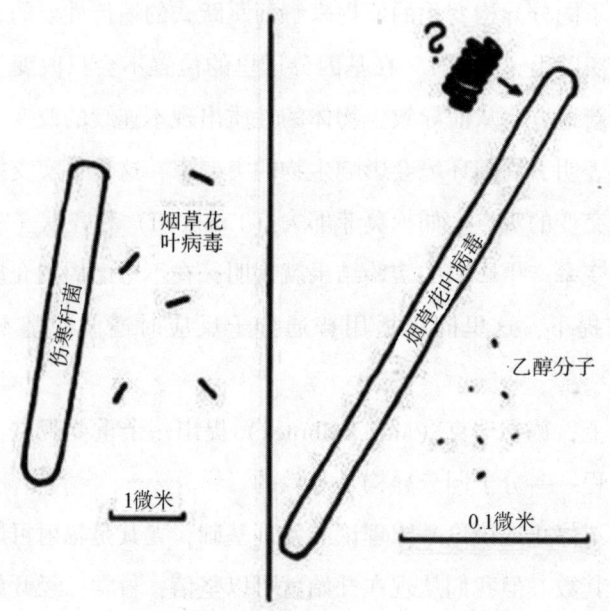

图 103　细菌、病毒和分子间的比较

如图版Ⅵ所示，这是目前最小的生命单元——烟草花叶病毒的照片。我们说过，一个原子的直径大约为 0.000 3 微米，所以可知，烟草花叶病毒的横向大约有 50 个原子，纵向则大约有 1000 个原子，烟草花叶病毒的所有原子加在一起不会超过 200 万个[①]！

你熟悉这个数字吗？它正是单个基因里的原子数啊！所以，病毒微粒可能

---

① 实际数字可能比这还要小，因为如图 103 所示，它的分子结构是螺旋形的，也就是说它的内部中空。所以，病毒里的原子就会分布在圆柱表面，因而原子数会减少。

是一种"自由基因",既没有被细胞质包围,同时也没有在染色体中占有一席之地。

另外,与染色体在细胞分裂时会成倍增长一样,病毒的繁殖过程也是如此:一条轴线把病毒体分成相同大小的两个新病毒粒子。显然,在这个过程中,分子里的原子团都把从附近获得的相同原子团按照和自己一样的方式排列。随着排列的结束,新分子就获得了独立。在这种原始的生物身上,新机体不是成长的,而是在旧机体周围组合出来的。如果人类也是这样,那么就会出现这样的情况:孩子在母体外和母体相连,当孩子成年后再离开母体。病毒只能在活细胞质中才能进行繁殖,对生殖环境有特殊的要求。

病毒还有一个特点,那就是它们会出现突变,突变后产生的新特点也会传递给下一代,这是和基因学定律符合的。实际上,科学家们可以在区别某个病毒遗传植株的基础上,对这个病毒的繁衍进行观察。例如流感爆发后,人们都知道这是由新的突变的流感病毒所引起,因为突变后的病毒获得了新特性,而人体还没有获得相应的免疫力。

在上述内容里,我通过大量议论来证明病毒也应视为一种生命体。同时我也要说,病毒也是一种化学分子,因为它也遵循物理和化学定律。事实表明,可以认为病毒是一种组成成分确定的化合物,也可以把它们看成一种没有生命的有机化合物,同时它们也能参加类型不同的置换反应。所以,在将来的某个时刻,可以把病毒的化学结构式也像糖和乙醇、甘油等的化学结构式那样写出来。更神奇的是,同种病毒的大小也相同。

人们还看到,病毒体在失去营养介质后会排列成普通正规晶体,例如结晶后的"番茄停育症"病毒就是一个漂亮的斜十二面体!你可以把它放在矿物标本柜里收藏,然而当它来到番茄地里后,就会成为大堆的活的个体。

弗兰克尔-康拉特(Heinz Fraenkel-Conrat)和威廉斯(Robley Williams)走出了用无机物合成出活机体的第一大步。他们把烟草花叶病毒分离成复杂的、没有生命的两部分。在这之前人们就知道,烟草花叶病毒呈长棒状(可见图版Ⅵ),组织物质是一束长而直的分子(即核糖核酸),它的外表像电磁铁线圈那样环绕着蛋白质的长分子。弗兰克尔-康拉特和威廉斯在不破坏它们的情况下，把它们分离成核糖核酸分子和蛋白质分子。于是，他们分别得到了糖核酸和蛋白质的水溶液。他们用高倍显微镜观察后发现，两种溶液里，每种溶液分别只有其中的一种物质，并且每种物质都完全没有一点生命的迹象。

然而把这两种溶液倒在一起后，核酸分子就开始以每 24 个分子组成一束，并立刻被蛋白质分子环绕起来，形成与最初病毒完全一样的病毒微粒。把这些重新组合而成的病毒移植到烟草植株上，同样会引起花叶病。当然这两种化学成分是通过分离病毒得来的，现在科学家们已经知道怎样用普通化学物质来合成核糖核酸和蛋白质了。虽然目前（1960 年）只能合成较小的分子，但完全可以相信，将来人们一定能用简单的成分合成病毒里的分子，并把这两种分子混合在一起，从而造出人造病毒。

第四部分

宏观世界

第十章 不断扩展的视野

一、地球与它的近邻

下面让我们从对分子、原子世界的研究转为对那些比较常见的、大小适中的物体的研究。在此之前,我们要看一看太阳、星星、星云和宇宙深处。同微观世界一样,随着距离我们熟悉的物体的距离不断拉大,我们的视野也随之不断变得广阔。

人类文明早期,人们眼中的宇宙很小。当时人们认为大地是一个漂浮着的盘子,四周是海洋,头顶是神住的地方——天空。这个大盘子容纳了他们所知的一切地方:地中海、欧洲和非洲的大部分,以及亚洲的一小部分。在大地的北部是一座高山,晚上太阳就到山后面的海洋里休息。如图104所示,这就是当时人们对世界的概念。公元前3世纪,古希腊哲人亚里士多德(Aristotle)首先对此产生了疑问。

图104 古代人眼中的世界

第十章 不断扩展的视野

亚里士多德在《天论》中指出：大地是一个由陆地和水域组成的球体，球体周围包围着空气。他还用了很多例子来证明自己的观点，这些例子我们也很熟悉。例如一艘船从海面上消失的时候，其顺序是先看不见桅杆，再看不见船身，因此海洋是弯曲的，而不是平坦的。他还说，之所以会发生月食，肯定是因为地球的阴影投在了月球表面。既然投射的阴影是圆的，那么大地也肯定是圆的。然而人们不相信他说的话，因为人们在想，如果他说的是真的，那么会不会出现如图105所示的情况呢？在当时的人们看来，如果地球是圆的话，那么地球另一端的人会掉下去，水会流向天空。

图 105　反对大地为球形的观点

当时，人们还不知道是地球引力才引起的物体下落。他们眼中的"上""下"是绝对的，在哪里都一样。在当时的人们看来，如果地球是圆的，那么走出这个世界一半远的距离，那么就会上下颠倒，所以地球是圆的这种说法真是胡说八道。那时人们把物体下落看成物体的自然倾向，而不是我们现在认为的受到地球引力的作用的结果。所以，你要敢跑到脚下地球的另一半，那么你就会掉进天空！甚至到了15世纪，亚里士多德的观点还常常被人嘲笑。直到费迪南德·麦哲伦（Fernando de Magalhães）成功地进行环球航行后，人们才逐渐接受大地是球体的观点。

知道大地是球体后，人们又提出了一系列问题：这个球体的大小如何？和已知世界相比有什么不同？既然古人无法完成环球航海，他们怎么测量地球的大小呢？

公元前3世纪，希腊科学家埃拉托色尼想出了一个办法。当时他生活在亚历山大里亚城，在亚历山大里亚城以南5 000斯塔迪姆、位于尼罗河上游有个塞恩城。当地居民告诉他,每年夏至正午,直立的物体都没有影子,因为这时太阳正好在头顶。但这种情况从未在亚历山大里亚城发生过,在夏至这天正午,亚历山大里亚城上空的太阳和头顶有一个7°的夹角,即圆周的1/50左右。埃拉托色尼把大地假设为球体,这就很好解释了,如图106所示。实际上,这两个地方之间的地面既然是弯曲的,那么直射在塞恩的光线一定和北边的亚历山大里亚城成一定的交角。以地心为出发点,分别向两座城市画线,那么这两条线的夹角必然与通过亚历山大里亚的那条引线(即此处的天顶方向)和太阳正射塞恩时的光线之间的夹角相等。

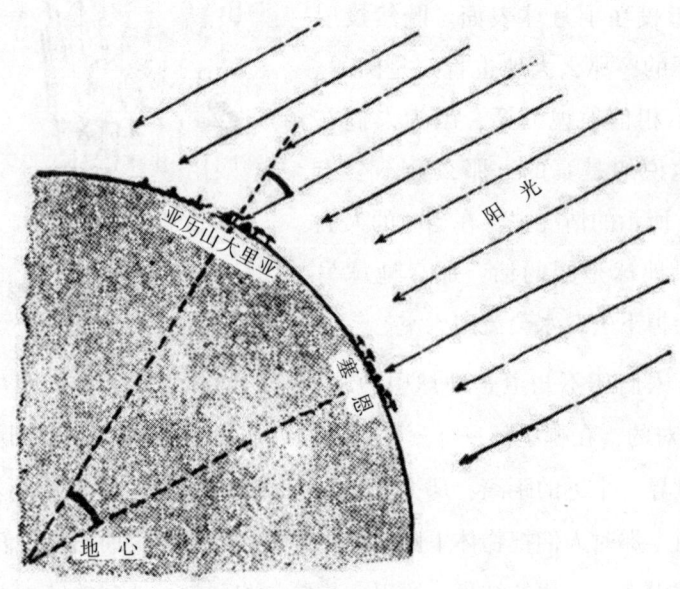

图 106

这个夹角大约是圆周的1/50,所以圆周就是两地距离的50倍,即250 000斯塔迪姆。换算成英里就是25 000英里,即约为40 000千米,这个结果与现在测量的结果非常接近。

然而在当时,精确与否并不重要,重要的是人们发现地球是个庞然大物,它的面积要比当时人们知道的所有陆地面积大上几百倍!这是事实吗?已知世界之外是什么东西呢?

在了解天文学距离之前,我们要先知道视差位移(简称视差),这是个很简单但很重要的东西。通过穿针引线我们可以对它有进一步的了解。当你闭一只眼穿针的时候，你会很难成功。如果睁开双眼，事情就变得容易多了。用双眼看物体，双眼的视线就会自动聚焦在物体上，物体越近，双眼转动得越接近些。

如果不同时用双眼观看，而是分别用左眼或右眼观看物体，我们就会发现相对于物体后的背景，这个物体的位置是不同的，这就是我们熟悉的视差位移。你也可以自己试一下，或者按照图 107 所示的那样用左眼和右眼分别看一下针和窗户。距离越远，视差位移就越小。所以，我们可以用这种方法测量距离。可以用弧度表示视差位移，这个方法比凭眼球肌肉的感觉判断要准确得多。我们双眼之间的距离只有 3 英寸左右，所以观察较远地方的物体就会不准确了。因为如果物体离我们比较远，那么双眼的视线就会接近平行，视差位移的效果不明显。我们可以通过人工的方法增加视差位移的角度，即把眼睛分得更开。不要以为只有做手术才能实现，我们只需要几面镜子就可以做到。

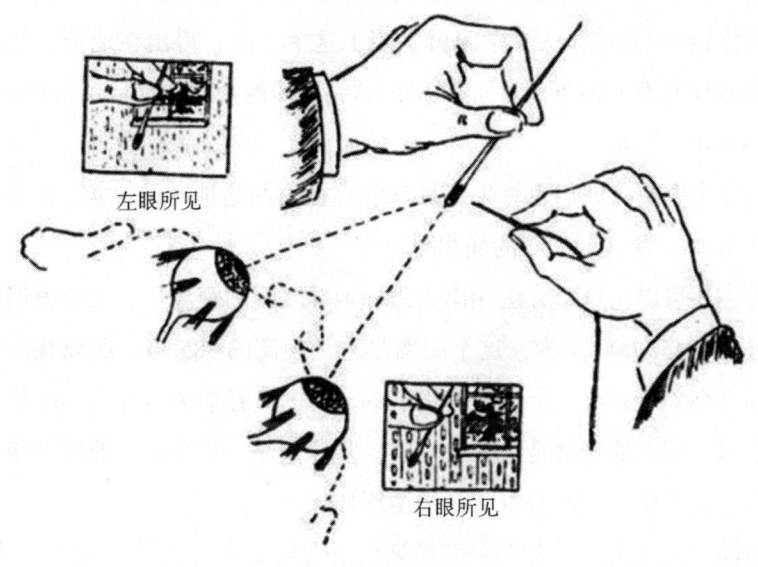

图 107

如图 108 所示，这是从前的海军作战时侦测敌方舰船目标距离用的装置。它有一个长筒，在眼前和长筒的两端分别是镜子（A，A'）和镜子（B，B'）。通过这种方法，光学基线（双眼间的距离）明显变大，估算的距离也就明显变远。此外，在这台装置上还有刻度盘，测量视差的时候就更加精确了。

图 108

这种仪器用在测量海面上的敌人距离时非常有效,但要用在测量天体上就不太合适了,即使是测量距离我们最近的月亮。实际上,想测出月亮在恒星上的视差,至少需要几百英里的光学基线,但我们还没做出从华盛顿到纽约那么大的仪器。只要同一时刻在两个地方分别拍摄一张月亮的照片即可,然后把照片放在立体镜①里观察。天文学家就是用了这个方法,得出在地球直径两端观察月球时的视差为 $1°24'5''$,于是算出地球到月球的距离约为地球直径的 30.14 倍,即 384 403 千米。

通过这个方法,我们也算出了月球的直径大约是地球的 1/4,其表面积约为地球的 1/16,和非洲大陆的面积差不多。

此外,还可以用这个方法测出太阳和地球之间的距离。天文学家们计算出的结果是 149 450 000 千米,这个距离是地月距离的 385 倍,所以我们才会觉得太阳和月亮差不多大。但太阳是很大的,它的直径约为地球的 109 倍。假设太阳是南瓜,那么地球就是一颗大豆粒,月球则是一粒芝麻,即使是纽约帝国大厦那样的宏伟建筑,此时也就是细菌那样大。

通过同样的方法,天文学家们还算出了太阳系中其他行星和太阳的距离,例如冥王星,它和太阳的距离是地日距离的 40 倍,即 3 668 000 000 英里。

---

① 立体镜可以用来观看图片立体效果。如果把两张从适当角度拍摄的同一物体的照片放在仪器里,再用双眼分别看一张照片,就会有立体效果产生。——编译者注

第十章 不断扩展的视野

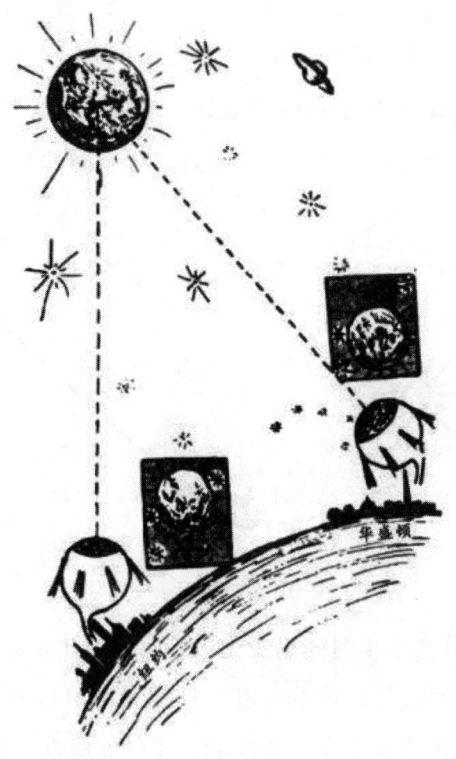

图 109

二、银河系

继续向前走,我们就进入恒星世界了。此时也可以采用视差方法,但是,那些离我们相对较近的恒星其实也是离我们非常远的。所以,即使在地球两侧观察,效果也不是很好。我们只好采用其他办法。既然可以通过地球的大小测出它的绕日轨道,那么就不能用这个轨道去测量恒星的距离吗?也就是说,我们把观察点放在地球绕日轨道两端,能发现恒星的相对位移吗?当然,这么做需要的时间比较长,即半年的时间。即便如此,有什么不可以呢?

1938年,德国天文学家贝塞尔(Friedrich Wilhelm Bessel)用这个方法开始对相隔半年的星空进行对比观测。但他最初的观测结果不是很理想,他没有看到任何比较明显的视差。这意味着他选的目标都很远,即使光学基线是地球绕日轨道的两端那么长也没有明显的视差。但如图 110 所示，这颗名为天鹅座 61 的恒星的位置就和半年前有了一些不同。

又过了半年，这颗恒星又回到了原处。所以，这一定是视差效应了。于是，贝塞尔就被公认为用尺子从太阳系走进星际空间的第一人了。

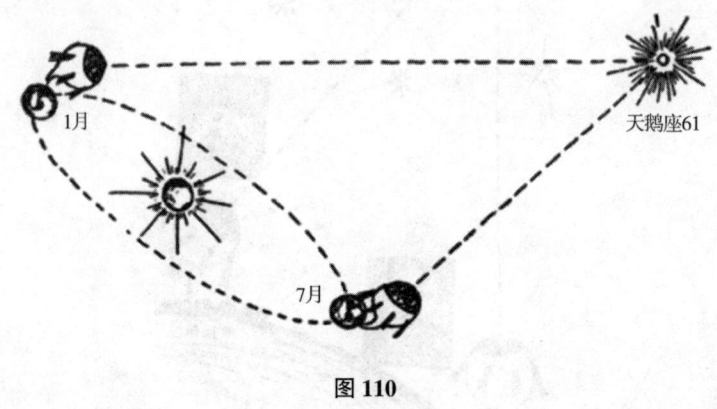

图 110

天鹅座 61 的位移在半年时间里变化极小，约为 0.6 弧秒①，这相当于你观察 500 英里开外的人时视线形成的角度（前提是你可以看到他）！但是，精密的天文学仪器是可以测出这么小的角度的。通过地球直径和视差这两个已知条件，贝塞尔计算出这颗星在我们 103 000 000 000 000 千米之外，比我们和太阳之间的距离还远 690 000 倍！只看数字是无法有更深的体会的，我们依然假设太阳是一个大南瓜，豆粒一样大的地球在离它 200 英尺远的地方转动，这颗恒星和太阳的距离达 3 万英里远！

在天文学上，如果距离很远，则用光线以光速走过这段距离所用的时间长短来表示这一距离。因为光速可达 300 000 千米/秒。光线只用 1/7 秒就能绕地球一周，从地球到月球需要 1 秒，从地球到太阳也仅需 8 分钟。然而，光线从地球传到天鹅座 61 上需要 11 年的时间！假设某一天天鹅座 61 爆炸了，那么我们需要等 11 年后才会发现其爆炸的光芒。

贝塞尔又继续研究，他认为天鹅座 61 虽然在夜空中只是一个微弱的光点，但实际上它和太阳只差 30% 左右，亮度也只比太阳小一点。哥白尼曾认为，宇宙中

---

① 精确数值为 0.600″ ± 0.06″。

有无数个像太阳一样的星体，贝塞尔的这一研究成果是这一说法的直接证据。

在这之后，人们又测出了很多恒星的视差。其中几颗离我们比天鹅座61还要近，最近的是距离我们有4.3光年的半人马座α，它的大小和光度很接近太阳。别的恒星就远很多了，以致用地球绕日公转的轨道直径作为光学基线也无法测出视差。

同样是恒星，它们在大小和光度上也有很大区别，例如距我们13光年的范玛伦星，它的直径约为地球的75%，亮度也只是太阳亮度的1/万；距离我们300光年的猎户座α，它的直径是太阳的400倍，亮度是太阳的3600倍。

下面我们说一说恒星数量这个问题。很多人觉得，星星的数量是无法数清的，但这是不正确的。实际情况是，从南北半球能直接看见的星星有六七千颗。由于我们站在地上只能看见一半天空，加上地平线附近的大气吸收光线，导致能见度降低，所以即使在晴朗的夜晚，通过肉眼也只能看见两千颗左右的星星。按照每秒一个的速度数，不到一个小时就能数完。

然而，在普通望远镜的帮助下，我们能看到5万多颗星星。如果换成口径为2.5英寸的望远镜，我们能看到100多万颗。加利福尼亚州的威尔逊山天文台有一台100英寸口径的望远镜，人们通过它能看5亿颗星星。如果一个人一秒钟数一颗，即使是日夜不停地数，也要用一个世纪的时间！在现实生活中肯定不会有人这么做，天文学家们把不同区域星星数量的平均值推广到整个星空后，就大致推算出了星星的总数。

一百多年前，英国天文学家赫歇尔（Frederick William Herschel）在观察夜空的时候发现了一个现象：大多数可以用肉眼看到的星星在一条横跨天际的叫作银河的微弱光带里分布。因为他的发现，天文学上有了一条这样的概念：这条银河不是普通的星云，而是由无数相距很远的恒星组成的。

如果用超强的望远镜观察，我们就能发现银河是由众多的恒星组成的；望远镜功能越强大，看到的星星就越多。然而，银河的主体还是一片模糊。但也不要认为银河范围里的星星的密度大于其他地方。实际上，某个地区星星看起来比较多，也不意味着这里的星星分布集中，而是在这个方向上星星分布得比较深远。在银河延伸的方向上，星星一直延伸到能看到的地方的边缘，而在其他方向上，星星延伸的距离就没那么远了，在它们后面，那里的空间几乎是虚无的。

顺着银河系的方向看过去，就像透过茂密的树林向远处观察，无数的树干树枝交织在一起，组成连续的背景；但如果抬头向上看，就能透过树叶看到头顶的蓝天。

由此可知，这群星体在空间里呈扁平状态分布，它们一直延伸向很远的地方，而在垂直方向上，它们分布的范围则小了许多。在银河系中，太阳只是极其普通的一分子。

天文学家们经过研究得出结论：在银河系中，恒星的数量大约有 40 000 000 000 颗，它们以凸透镜的形状分布，这个区域的厚度为 5 000～10 000 光年，直径约为 100 000 光年。同时，太阳所处的位置并非银河系的中心，而是位于边缘。这个事实对人类的自尊心是一个不小的打击啊！

如图 111 所示，这就是银河的外形，但这是银河被缩小了 1 万亿亿倍后的样子，而且表示恒星的黑点也远少于 400 亿。在科学的语言中，通常用"银河系"来代替银河。

图 111　观察银河系的天文学家，太阳的位置在他的头部之上

和太阳系一样，这个庞大的星系也在不断旋转中。太阳系里的行星围着太阳转动，银河系里的几百亿颗星体也围着一个中心旋转，这个中心所处的位置

在人马座方向。当我们观察银河系时，我们会发现银河系的外形在靠近人马座的时候变得越来越宽，这意味着那里是这个凸透镜状星系的中心。

由于星际悬浮物质的遮挡，我们无法看到银河系中心的样子。然而仔细观察人马座中变厚的银河的那一部分，我们会觉得这条"河流"分了岔。实际上并非如此，这是因为在我们和银河系中心之间分布着气体和星际尘埃的暗云块。银河两侧是空间黑色的背景，这里有不透明的黑云。从这片黑云上可以看到的一些星体，它们的实际位置是处在黑云和我们之间的（如图112所示）。

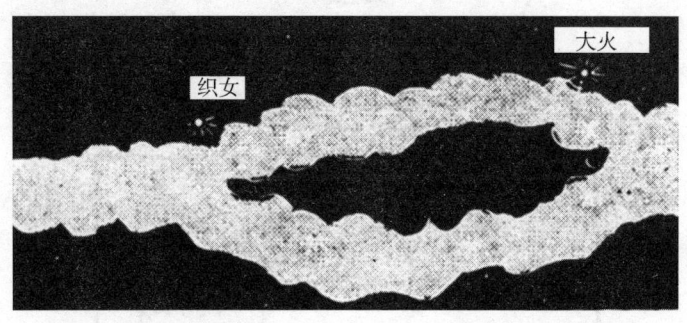

图112　望向银心，我们会以为银河在这里分成两岔

无法观察到银河系中心以及其他几十亿颗恒星，这真是件遗憾的事，但我们可以通过观察一些银河系之外的其他星系来推断银河系中心是什么样的。在银河系中心，并没有一个可以控制所有成员的超级星体。通过研究其他星系我们可知，这些星系的中心也有无数的恒星，而且密度也很高。如果说太阳是一个"独裁者"，那么银河系就比较"民主"了。

现在我们知道，银河系中所有恒星都围绕银河系中心转动。但这是如何证明的呢？星体运动的轨道半径是多大？转动周期有多长？荷兰天文学家奥尔特（Jan Hendrik Oort）回答了这些问题，他的观察方式类似于哥白尼观察太阳系的方式。

首先了解一下哥白尼的观察方式。古代人注意到一个现象，那就是土星等大行星运行的路线很奇怪。它们好像先按照椭圆形轨道顺着太阳前进的方向运行，然后却突然停止而后退，接着折回向之前的方向进发。如图113下部所示，这是土星在两年时间里运行的路线（土星的运转周期是29.5年）。当时由于科学不发达，人们认为太阳和其他行星都绕着地球旋转。他们以行星运行轨道是一圈一圈环套连成的为由来解释这个奇怪的现象。

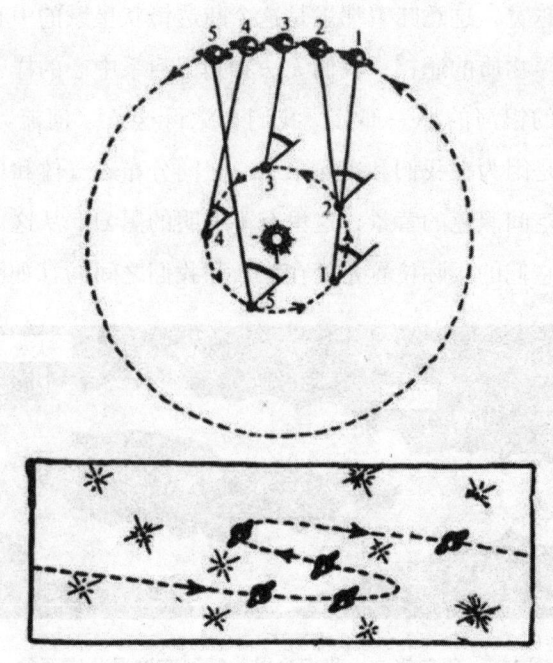

图 113

但哥白尼不这么认为，他大胆地说：之所以会这样，是因为地球和其他行星都围着太阳做圆周运动。如图113的上部所示，我们就比较容易理解这种解释了。

这幅图的中心是太阳，小一些的球（代表地球）在小圆上运动，有环的球（代表土星）也按照同样的方向在大圆上运动。里面的数字1，2，3，4，5表示土星和地球在一年时间里所处的位置。需要注意的是，地球运行的速度要比土星快很多。那些从地球上引出的垂线指向某颗不动的恒星，把同一时刻地球和土星所处位置连在一起，我们可以看出朝向不动恒星和土星的两条线的夹角是从变大到变小，然后继续变大的。所以，土星奇怪的运动轨迹并不奇怪，只是因为我们的地球也是在运动着的，造成我们观察土星的角度发生了变化而已。

通过图114，我们可以理解奥尔特关于恒星在银河系里做圆周运动的观点。图的下部是银河系中心（里面有暗云），无数恒星围绕这个中心。三条圆弧表示和银河系中心距离不同的恒星运行轨道，太阳运行的轨道是中间那条。

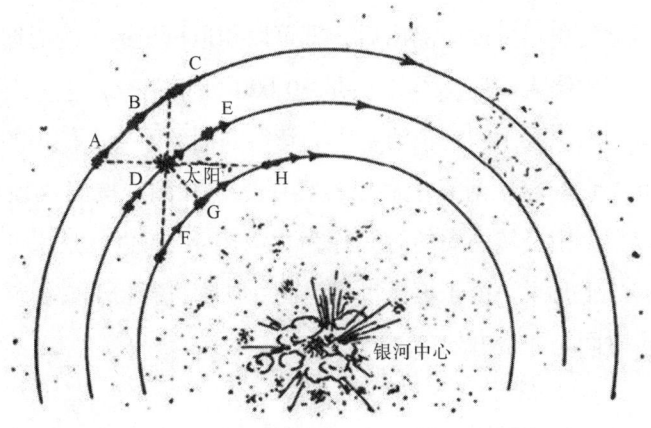

图 114

我们看图中的 8 颗恒星，有两颗的运行轨道和太阳相同，一颗在前一些，一颗在后一些。需要注意的是，在万有引力的作用下，内层恒星的运行速度比太阳快，外层恒星运行的速度比太阳小（看长短箭头可知）。

如果站在地球上（相当于站在太阳上）观察，这 8 颗恒星的运行状态是怎样的呢？这里说的是恒星沿着观察者的视线方向的运动，按照多普勒效应，这很好理解。首先，相对于太阳，与太阳同轨道的恒星 D 和 E 看起来是静止的。恒星 B 和 G 也是一样，因为二者的运动方向平行于太阳，按照观察方向并无速度分量。那么恒星 A 和 C 又是怎样的呢？由于它们的速度比太阳慢，所以太阳会逐渐把 A 甩在后面，同时慢慢追上 C。太阳到 A 的距离变大，到 C 的距离变小，于是，从它们射来的光线分别会显示多普勒红移效应和紫移效应。与此相反，处于内层的恒星 F 会表现出紫移效应，恒星 H 则会表现出红移效应。

如果假设这些现象的产生只是因为恒星的圆周运动，那么我们不但可以证明这个假设，还可以计算出恒星的运行速度和运行轨道。奥尔特搜集了许多和恒星的视运动有关的资料，证明了红移和紫移这两种多普勒效应的确是存在的，进而证明了银河系也是旋转的这一结论。

同样也可以确定，恒星沿垂直于视线方向的视速度也会受到银河系旋转的影响。由于恒星距离我们太遥远，因此即使有很大的线速度，也只能产生很小的角位移，但人们还是观察到了这种运动。

把恒星运动的奥尔特效应测出后，就可以知道恒星运行的周期和轨道的大小。现已知太阳围绕人马座运行半径是 30 000 光年左右，这个距离约为银河系半径的三分之二。太阳围绕银河系中心运行一周约需要 2 亿年的时间，从太阳诞生到现在，它围着银河系中心已经转了二十几圈。按照"地球年"的说法，我们可以把太阳公转一周的时间称为"太阳年"，也就是说，我们这个宇宙的年龄只有二十几岁。由于恒星世界里的一切都进行得非常缓慢，所以用太阳年记载宇宙时间是非常方便的。

三、走向未知的边界

前面我们说过，在宇宙深处还有很多星群，它们和太阳所在的星群很像。和我们最近的仙女座星云是一个很小很暗、相当长的模糊形体，我们能用肉眼看到它。图版Ⅶ a 和Ⅶ b 就是两个这样的天体的照片，它们是后发座星云的侧观和大熊星座星云的正面观。很明显它们具有旋涡状结构，总体上和银河系是相同的透镜形，我们把这些星云称为"旋涡状星云"。种种证据显示，银河系也是一个旋涡体。然而我们现在还无法从银河系内部确定这点，但我们知道，太阳在这个巨大星云里所处的位置很可能是在某条旋涡臂的末端。

从前，天文学家们还不知道这些旋涡星云是跟银河系很像的巨大星系，甚至认为它们就是一般的、由尘埃组成的弥散星云。但后来人们发现，这些旋涡一样的天体不是尘埃。从最先进的望远镜里，我们可以发现无数小点，这些都是恒星。只是它们距离我们太遥远，用视差法也无法求出距离。

测量天体间距离的手段是不断进步的，天文学家沙普利（Harlow Shapley）又找到了个新方法，即脉动星或造父变星[①]。

天空中的星星大多数比较安静，但也有一些例外，它们的光度会发生有规

[①] 这种现象最先在仙王座 β 星（造父一）上发现，故得名。

律的明暗变化。这些星体就像一颗颗跳动的心脏，其亮度也随着发生周期性变化①。恒星脉动的周期随它本身的增大而增大，同时，越大的恒星它的亮度也就越大。所以，造父变星的平均亮度和脉动周期是有关系的。我们可以通过测出仙王座造父变星的亮度和距离来确定这种关系。

如果一颗脉动星的距离无法用视差法测量，那么就可以先用望远镜观察它的脉动周期，得出真实亮度，再和视亮度进行比较，就能算出它的距离了。通过这个方法，沙普利算出了银河系里极远的距离，而且较准确地估算出了星系的大小。

观测仙女座中脉动星的结果让沙普利很惊讶：从地球到它们的距离（即到仙女座星云的距离）竟然达到 1 700 000 光年！也就是说，它的直径远大于银河系。仙女座星云的体积原来只稍小于银河系。图版Ⅶa和Ⅶb这两个星云距离我们更远一些，其直径也和仙女座星云相差不多。

从前人们认为旋涡状星云只是银河系里的"小东西"的观点被推翻了，它们其实也和银河系一样是独立的。如果在仙女座星云里任意一颗恒星管辖的行星上存在"人类"，那么他们眼中的银河系和我们眼中他们的那个星系的外形是相似的。天文学家们对这个观点已经不存在争论了。

随着观察的不断深入，我们发现了很多重要而又有趣的事实。首先，数量庞大的星系并非都是旋涡状的，有的是看起来像边界模糊的圆盘的球状星系，有的是扁平度不一的椭球状星系。就算是旋涡状星系，它们的"绕卷松紧度"也各不相同。除此之外，还有一种奇怪的"棒旋星系"。

如图 115 所示，这就是不同类型的星系，从中可能会有这样的事实：这也许是星系的不同演化阶段。

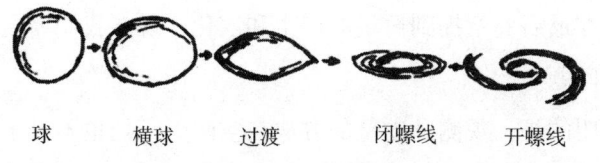

球　　横球　　过渡　　闭螺线　　开螺线

图 115　星系在正常演化中的几个阶段

---

① 不要和交食变星、即两个互相围绕对方转动的双星的周期性互相掩食现象相混。

我们还不清楚星系是如何演化的，但造成演化的原因或许是因为不断收缩。我们都知道，进行旋转的球状气体收缩时，它会变成椭球，并且旋转的速度越来越快。当收缩到椭球的极轴半径和赤道半径之比为7/10时，在赤道上就会产生一条棱，变成透镜形状。随着收缩的继续进行，气体物质就会按照棱圈方向散开，在赤道面上就会出现一层气体帘幕，这时整团气体的外形仍在大体上保持透镜形状。

英国著名物理学家兼天文学家金斯（James Hopwood Jeans）从数学上证明了这种说法的正确性。我们也可以把这个说法套用到星系这类巨大的星云上。假设单个恒星是一个分子，那么我们就可以认为如此密集的恒星是一团气体了。

通过对比沙普利和金斯的结论，我们会发现它们是相吻合的。也就是说，我们发现和观测到的椭球状星云的半径之比为7/10（E7）；与此同时，赤道上出现了一条棱。在演化后期，由于迅速旋转会抛出很多物质，由此形成了旋臂。但我们还不清楚旋臂出现的原因和过程，以及它们的外形为什么会不同。

想要了解星系的组成、运动，我们做得还不够。有一个有趣的事情，天文学家巴德（Walter Baade）曾说：球状、椭球状星系中心的恒星和旋涡状星云中心的恒星类型相同，但在旋臂里却有不一样的恒星。由于温度和亮度较高，旋臂里的一些恒星会有特殊的情况出现，这就是"蓝巨星"。这是在球状、椭球状星系中无法看到的。在后面我们会讲到，蓝巨星极有可能是新诞生的恒星。所以可以说，旋臂是新情况的"产房"。可以认为，在那些从收缩的椭球状星系"腰部"甩出来的物质里，气体占了相当大的比例，随着温度的降低，他们就收缩成了一块。随着收缩的进行，它们逐渐升温、变亮。

我们还会在最后一章提到恒星的产生和演化，现在我们要研究星系在宇宙空间里的分布问题。

首先要说明的是，观测脉动星的方法在空间更深处也不灵了，因为距离实在是太远了，即使用最先进的望远镜，也无法分辨出单个星体。这时，星系在我们眼中只是一团极小的长条星云。由于相同类型的星系大小相同，所以我们可以通过看到的星系的大小来推测距离。假设所有人的身高都是一样的，你就可以根据他的"视大小"来推测这个人距离我们有多远。

通过这种方法，哈勃估计了遥远的星系，他认为，在我们能观察到的空间内，星系或多或少地均匀分布。之所以用"或多或少"这个词，这是因为有的地方聚集着数千个星系，就像恒星聚成银河系一样。

银河系很明显是一个相对较小的星系群，它包括3个旋涡状星系、6个椭球状星系及4个不规则星云。

除群聚现象外，在10亿光年的可见范围内，星系的分布总体上还是比较均匀的，相邻两个星系之间的平均距离大约是500万光年。在可见范围内，就有几十亿个恒星世界！

前面我们曾把纽约帝国大厦、地球和太阳分别看成是细菌、大豆粒和南瓜大小，那么银河系就是数十亿个南瓜，无数的南瓜堆又包含在半径比地球到最近恒星距离稍小一些的球状空间里。的确，我们无法找到一个尺度用来表示宇宙间各种距离的比例。通过图116，我们想让大家知道天文学家勘测宇宙的步骤：从地球到月亮，接下来是太阳和恒星，再接下来是远方的星系，然后就是不知边际在何处的世界。

下面我们探讨宇宙有多大这个问题。宇宙的体积是有限的，还是无限延伸的？随着科技的进步，我

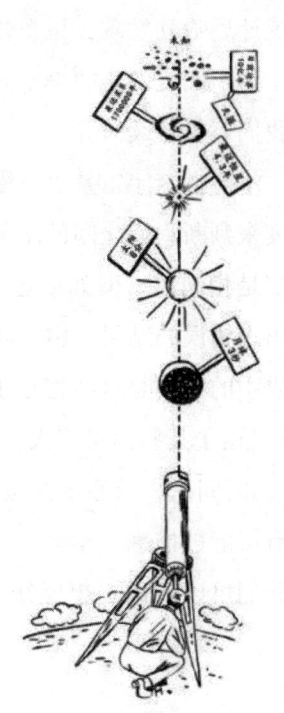

图116 用光年表示的勘测宇宙的里程碑距离

们能否不断发现新的空间？还是会在发现某颗恒星后就无法继续了呢？

我们说宇宙的大小是可以确定的，这不意味着在几十亿光年外就无法继续前进了。我们曾说过，由于空间可以弯曲并自我封闭，所以它可以有限而无边

界。于是,我们可以想象一位驾驶飞船的探险家,即使他一直向前驾驶,最后还是会回到原地。

无须绕世界一周,只要进行简单的几何测量,我们就可以知道地球的曲率。同样,在望远镜观测的范围里,我们也可以知道宇宙三维空间的曲率。我们曾说过,曲率有两种:①相应于有确定体积的闭空间的正曲率;②相应于鞍形无限开空间的负曲率。二者的不同点是:均匀分布在闭空间里的物体,其数目的增速慢于距离的立方;在开空间内则正好相反。

在宇宙空间里,星系就是"均匀分布的物体"。所以,只要统计不同距离内单个星系有多少,就能解决宇宙曲率问题。

记过统计后哈勃发现,星系数目的增速很可能慢于距离的立方,所以宇宙大概是一个体积确定的正曲率空间。需要注意的是,哈勃看到的效应不是很明显,因此我们还要继续研究。

此外,不能肯定宇宙是否有限还有一个原因,那就是我们只能通过远处星系的视亮度来判断它们之间的距离。如果要采用这个办法,就需要假设所有星系的亮度都是相同的。但如果这个亮度会发生变化(也就是说和年代有关),那么就会出现错误的结果。由于我们看到的最远的恒星距离我们有 10 亿光年,所以我们眼中的它们是这些恒星 10 亿年前的样子。假如星系由于衰老而变暗(原因可能是由于某些恒星熄灭),那么我们就要修改哈勃的结论了。实际上,在 10 亿年的时间里,星系的光度哪怕只改变很小的百分点,"宇宙有限"这个结论就有可能被推翻。

于是我们可以知道,想要知道宇宙是否有限,还需要科学家们继续努力才行。

第十一章 "创世"的年代

一、行星的诞生

生活在地球上的人类可以认为"实地"就代表着稳固。而且我们在观察地球的时候,大海、高山、河流仿佛一直在那里,没有发生任何变化。当然,地质学家已经得出结论,那就是地表始终是在变化当中的:海底可能上升到海平面以上,陆地会变成海洋;平原上升起一座山,山脉被侵蚀成平地。但是,这只是地球固体外壳的变动。

在某一时期,地球是没有地壳的。当时,地球还是一个熔岩球体。通过研究地球内部也可以知道,地球的大部分现在仍是熔融状态。人们认为的实地,其实是漂浮在岩浆上的一层薄薄的壳。想要证明这点,可以通过测量地球内部不同深度的温度来实现。测量结果表明,随着深度下降 1000 米,温度就会上升 30℃左右。所以,在南非的罗宾逊深井(地球上最深的矿井)里一定要安装降温设备,不然的话工人就会面临被烤熟的危险。

如果一直保持这个增长速度,那么在地下 50 千米处(这个距离不到地球半径的百分之一),这里的温度和岩石的熔点(1200~1800℃)差不多了。从这里往下,地球质量的 97% 以上都处于熔化状态。

这并不是一成不变的状态。现在的地球只是处于一个固体球从完全熔化到完全凝固的一个阶段而已。通过地壳变厚的速度和冷却的速度我们可以知道,早在几十亿年前地球就开始慢慢冷却了。

同样的数据在计算地壳内部岩石层年龄的时候也能得出。从表面上来看,岩石是不会变化的,所以才有了"坚如磐石"这个词语。然而并不是这样,岩石内都藏着一座"地质钟",地质学家可以根据上面的"刻度"来计算出这块岩石从熔化状态到凝固所经历的时间。

这个地质钟就是岩石中微量的铀和钍,它们常常出现在地表或地下的岩石里。在第七章我们说过,它们的原子会自发缓慢地衰变,最后变成稳定的铅。想要知道这些石头的年龄,只要知道铅元素的含量即可。

实际上,在熔化状态的岩石里,衰变产生的物质会在对流和扩散的作用下离开。当岩石凝固后,放射性元素衰变产生的铅会积淀下来,通过这个数量我们就能知道这个过程进行了多久。

随着技术的进步、测量手段的日益先进,得到的结果也越来越精确。科学家们通过计算认为,最古老的岩石已经有45亿年的历史了。由此可知,地壳大约是在50亿年前由熔岩凝固而成的。

所以我们的头脑中出现了这样的画面:在50亿年前,地球是一个处于熔化状态的球体,它周围包裹着厚厚的大气层,大气层下是空气和水汽,此外还有一些极具挥发性的气体。

如此大团的炽热物质从何而来?决定它保持这种形状的力量是什么?这些和地球有关的问题是宇宙论试图解决的基本问题,千百年来,这些问题一直困扰着天文学家们。

1749年,法国科学家布丰第一个站出来,希望用科学的理论来解决这些问题。他在自己的作品《自然史》中指出,外太空飞来的彗星撞到太阳后就产生了行星系。他在书里还对当时的情景进行了描述:这颗彗星从太阳身边擦过,一些物质被撞下来,它们被冲击力带到空间里,然后开始自转(如图117 a所示)。

又过了几十年,德国哲学家康德(Immanuel Kant)提出了相反观点。他说:这些行星和别的天体没有关系,它们是太阳创造出来的。康德认为,太阳最初是一个温度较低的巨大气团,这个气团占满了行星空间,同时围绕气团的轴心转动。随着其向四周不断地进行辐射,气团本身的温度逐渐变得更低,然后慢慢开始收缩,并且转速不断加快。于是离心力逐渐增大,导致太阳慢慢变扁,最后从赤道面喷出气环(如图117 b所示)。普拉多(Plateau)曾做过这样一个实验，他把一大滴油滴进和油密度相同的液体里，这滴油就悬浮在液体中，接下来让这滴油旋转。在某个速度下，油环就慢慢形成了。康德认为，太阳周围的气环就是这样形成的，由于气环破裂开来，碎渣集中在一起变成行星，然后分别在距离太阳不同的地方围着太阳转动。

图 117　宇宙论两种学派
a. 布丰的碰撞说；b. 康德的气体环说

法国数学家拉普拉斯（Pierre Simon de Laplace）采纳和发展了这个观点，并把它写进 1796 年发表的《对世界系统的解释》一书。虽然拉普拉斯是一位数学家，但在这部书里他只是描述了太阳系形成的理论，而不是用数学方法证明。

又过了 60 年，英国物理学家麦克斯韦（James Clerk Maxwell）首先尝试用数学的方法来证明康德和拉普拉斯的说法，但他得出了矛盾的结论。计算结果表明，如果这些行星是由均匀分布在太阳系空间的物质聚集而成的，那么这些物质的密度太低了，以致无法通过万有引力来形成行星。所以，太阳在收缩时甩出的圆环会永远像土星光环那样保持下去。我们都知道土星光环，它其实是无数的小微粒形成的，并且这些微粒不太可能凝聚成一颗固体卫星。

只有做出如下假设才不会矛盾：太阳抛出的物质远比现在所有行星加在一起还多，但这些物质只有百分之一变成行星，剩下的又回到太阳里。

但这样也会导致麻烦的出现：如果它们又回到太阳里，那么太阳自转的角速度将会是实际速度的 5000 倍。于是太阳就会每小时转 7 圈,而不是像现在这样每 4 星期转 1 圈。

看来康德和拉普拉斯的设想是不成立的,因此科学家们决定重新审视这个问题。于是,布丰的碰撞说又被英国科学家金斯、美国科学家钱伯伦(Thamas Chrowder Chamberlin)和莫尔顿(Forest Roy Moulton)重新提起。当然,随着科学的不断进步,人们对布丰的观点有了进一步发展。当时人们已经知道彗星的质量还比不上月球,所以假设这次撞击太阳的是一颗质量和体积都与太阳接近的恒星。

虽然修改后的碰撞说避免了康德和拉普拉斯假说引起的矛盾,但它本身也是有问题的。有人提出质疑:它们相撞后飞出的物质为什么不按照拉得很长的椭圆形运行,而是按照近似于圆形的轨道运行呢?

为了填补这个漏洞,人们又进一步假设,太阳被恒星撞击形成行星时,它被一层均匀的、旋转着的气体包围,在气体包层的作用下,行星运行的轨道就变成了圆形。但在行星运行的空间里没有探测到这种介质,所以人们继续假设:这些介质散进星际空间。现在我们看到的黄道光,就是当时的那个光轮的残余。这样就得到了布丰与康德和拉普拉斯学说结合的理论。虽然这还不能让人们完全信服,但没有办法,人们只能认为行星起源于碰撞。不久之前,这个学说还在世界上广泛流行。

这种情况一直持续到 1943 年。在这一年,德国物理学家魏扎克(Carl Friedrich Von Weizsäcker)解开了这个学说中的死结。他指出,康德-拉普拉斯假设里的问题很好解决,建立行星起源的详细理论也是可行的,原有理论没有接触到的关于行星系的重要谜团也可以得到解释。

最近几十年中,天体物理学家们对宇宙化学成分的看法完全改变了,魏扎克的观点就是建立在这个背景之下的。过去的人认为,所有恒星有着和地球一样的化学成分和组成。通过对地球进行研究可知,氧、硅、铁等元素是地球的主要组成元素,此外还有一些少量的如氢、氦等较"轻"的气体[①]。

[①] 在地球上,绝大部分的氢以它的氧化物——水的形式存在。虽然水占据了地球表面积的 3/4,但它的质量比地球总质量要小得多。

第十一章 "创世"的年代

过去，人们在不得已的情况下才会认为这些气体在太阳和其他恒星内同样稀少。然而丹麦天体物理学家斯特劳姆格林（B. Stromgren）通过研究得出结论，在太阳的物质里，氢元素至少占了35%，后来这个数字被提高到50%以上。另外，纯氦所占的百分比也相当大。同时还有一个令人惊讶的结论：地球上那些元素在太阳里所占的比例还不到1%，剩下的都是氢和氦。很明显，在其他恒星上也会是这种情况。

人们还了解到，星际空间到处是微尘和气体的混合物，而不是原来认为的真空，它们的密度很小，每 1 000 000 英里^3 有 1 毫克左右。在这些物质里，一定包含着和太阳及其他恒星一样的化学成分。

虽然这么低的密度让人很难信服，但很容易证明它们的存在。由于光从很远的恒星发出，直到被我们看见，需要经过数十万光年的空间，这么长的距离足够产生可以察觉的吸收光谱。通过"星空吸收谱线"的位置和强度，我们很容易算出这些物质的密度，而且还能知道氢和少量的氦是它们的主要组成部分。同时，"地球物质"的微尘（直径在 1 微米左右）所占的总质量的 1% 不到。

现在再重新看一下魏扎克的观点。我们认为，最新的宇宙物质化学成分知识对康德－拉普拉斯假说是有利的。实际上，这种物质要是组成了包围太阳的气体层的话，那么只会有一小部分构成地球和其他行星，这一小部分就是那些比较"重"的地球上的元素。剩下的绝大部分的氢气和氦气会被分离出来，或者回到太阳里，或者在空间里飘荡。如果是第一种情况，那么太阳的转速就会变得极高，所以我们比较相信第二种说法，那些元素变成行星后，剩下的气态物质就在空间里到处扩散了。

我们可以想象行星的形成：星际物质凝聚成太阳时（下节我们会详细介绍），质量大约是现在行星总质量 100 倍的物质在太阳周围形成不断旋转的包围层。这个包围层的构成很复杂，包括氢、氦以及少量的其他气体，还包括地球物质的各种微尘，前者包裹着后者一起旋转。各个行星就是由这些微尘不断碰撞、聚集而产生的。如图 118 所示，这是物质以陨星速度进行碰撞造成的后果。

正常情况下，两个质量接近的微粒在这种速度下相撞后一定会像图 118 a 那样，全都被撞得粉碎，它们不是变大，而是变小了。假如是图 118 b 所示的那样，小块物质撞到很大块的物质上，那么它们就会融为一体。

显然，这样的话小颗微粒会变少，同时会出现大块的物体。随着物体的增大，由于万有引力作用，它就会把周围的微粒吸引过来，和自己组成更大块的物质（如图 118 c 所示），并且这个过程是越来越快的。

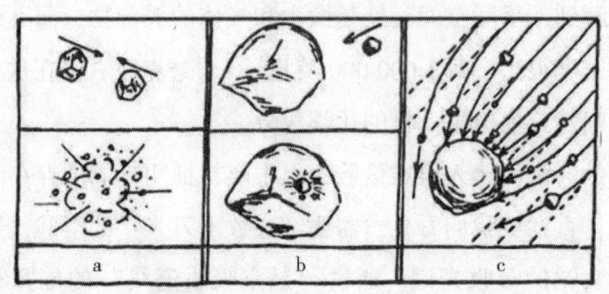

图 118

魏扎克得出结论：那些曾在星际空间到处弥漫的微尘，经过几亿年的时间后，全都聚集成几团巨大的物质，即行星。

行星在围着太阳旋转的过程中，它的表面还在不断被无数小块物质高速碰撞，于是行星表面温度极高。当小块物质全部落到行星表面后，行星就不再继续增长了。由于热量被辐射到空间里，行星表面迅速变冷，于是形成固态的地壳，随着行星内部逐渐变冷，地壳的厚度也不断增加。

还有一个重要问题是天体理论试图解释的，这个问题就是行星和太阳之间距离的规律，即提丢斯 - 波得（Titus-Bode）定则。下面是一张表格，图中的数据是太阳系中的行星和小行星带与太阳之间的距离。所谓小行星，就是那些没有聚集成大行星的小块物质。通过此表我们可以粗略地说：每颗行星的轨道半径约为前一颗行星轨道半径的 2 倍。

行星名称	与太阳的距离 （与日地距离为标准单位）	各行星与太阳的距离同 前一行星与太阳距离的比值
水星	0.387	
金星	0.723	1.86
地球	1.000	1.38
火星	1.524	1.52
小行星带	2.7左右	1.77
木星	5.203	1.92
土星	9.539	1.83
天王星	19.191	2.00
海王星	30.070	1.56
冥王星	39.520	1.31

卫星名称	距土星的距离 （以土星半径为单位）	相邻两颗卫星距离之比 （大数比小数）
土卫一	3.11	
土卫二	3.99	1.28
土卫三	4.94	1.24
土卫四	6.33	1.28
土卫五	8.84	1.39
土卫六	20.48	2.31
土卫七	24.82	1.21
土卫八	59.68	2.40
土卫九	216.80	3.63

不仅如此，各行星的卫星也符合这条规则，例如土星的9个卫星和土星的距离关系就如下表所示（虽然同样有很大出入，但大致是符合的）。

为什么太阳外围原来的那些微尘没有聚集成一个更大的行星？行星按照这种规律分布的原因又是什么？

在解答问题之前，我们要先来了解一下原始尘埃云中微尘的运动情况。微尘、陨石、行星等一切物体都遵循牛顿运动定律，它们沿着以太阳为一个焦点的椭圆形轨道运动。假设这些微尘的平均直径为0.0001厘米，于是可知，当初在太阳周围沿着椭圆形轨道运动的粒子数量大约是 10^{45} 个。显然它们会不断发生碰撞,从而使整个系统逐渐整齐。粒子碰撞的结果不是被撞得粉身碎骨就是偏离原来的轨道,这是由谁控制的呢?

我们以围着太阳按照相同周期进行公转的粒子为切入点研究这个问题。如图 119 a 所示,这些粒子的运行轨道肯定会有所不同。下面我们用旋转坐标系 (X, Y) 表示粒子的运动。这个旋转坐标系以太阳为中心,以粒子的公转周期为旋转周期。

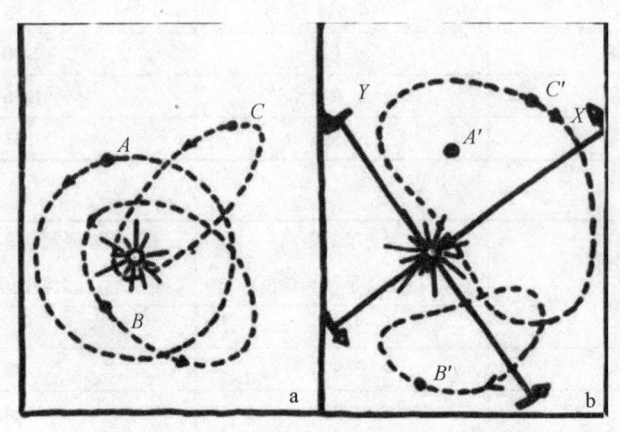

图 119
a. 从静止坐标系上观察圆形和椭圆形运动;
b. 从旋转坐标系上观察圆形和椭圆形运动

显然,在这个坐标系中,运行轨道为圆形的粒子 A 的位置是不变的,它永远在点 A' 上,运动轨道为椭圆形的粒子 B 随着太阳距离有近有远,角速度也有大有小;所以,从这个坐标系上观察,粒子 B 有时在前面有时在后面。可以看出,粒子 B 在空间中描绘出封闭的、蚕豆状轨迹,即图中的 B'。粒子 C 的轨道扁长一些,它描绘出一个更大的、封闭的蚕豆状轨迹,即图中的 C'。

显然,只有这些粒子在匀速转动的坐标系 (X, Y) 里画出的轨迹不相交,才会使它们不相撞。另外,如果两个粒子和太阳的平均距离一样,那么它们的运行周期也是一样的。所以,在坐标系 (X, Y) 里不相交的轨迹一定很像围着太阳的一串"蚕豆项链"。

可能你很难理解上述内容,但这里说的东西很简单,我们要弄清楚的是一群粒子运行时不相交的路线图，这些粒子与太阳的平均距离相同，于是运行周期也相同。我们还可以知道，最初的粒子和太阳之间的距离肯定不相同，所以它们的旋转周期也肯定是不同的，所以事实会更加复杂。这样，将会有很多串"蚕豆项链"。魏扎克经过仔细分析后认为，每条"项链"应该含有 5 个独立的旋涡状系统（如图 120 所示），才会让整个系统稳定。然而由于"项链"的运行速度不同，所以"项链"之间一定是事故多发地区，很多粒子也会聚集在这里，于是成为逐渐增大的物体。所以，随着组成"项链"的物质慢慢变少和相邻地区的物质慢慢增多，行星就出现了。

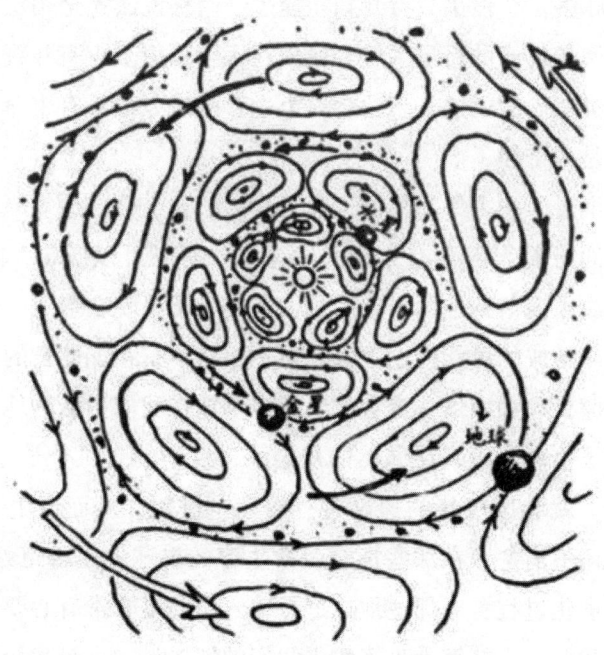

图 120　在早期的太阳包层中微尘的通道

上述内容简单地说明了各个行星的轨道半径遵循的规律。其实通过几何推断可知，图 120 里的那些"链子"的边界半径形成了几何级数，并且每项都比前项大两倍。我们还可以知道这条规律不精确的原因，那就是这些微尘的运动只是不规则运动会导致的一些倾向，而不是严格的定律。

各行星的卫星也遵循这个规律。事实上，行星的卫星也是这么形成的。最初的微尘在形成行星时，在形成行星的粒子群里会出现这种情况：大部分粒子聚集在中心形成行星，剩余的粒子在行星周围运转，慢慢形成卫星。

不要忘了，还有剩下的99%呢！这些气体原来把太阳包围起来，但后来它们去哪里了呢？这个问题比较容易解答。随着微尘的聚集，那些气体也飘散到星际空间了，飘散的过程需要的时间和行星形成的时间接近，都是1亿年左右。所以，那层包围层里的氢、氦等只剩下一小部分，形成我们所说的黄道光，剩下的都飘散掉了。

魏扎克理论有一个重要的结论：所有恒星周围都会出现这种情况。但碰撞学说认为，宇宙中很少出现行星。观测结果表明，在银河系几十亿年的历史中，它内部400多亿个恒星只有几颗相撞过。两种说法完全相反。在魏扎克看来，恒星都有属于自己的行星系统，所以在银河系里至少有几百万颗行星的物理条件和地球类似。假如这么多适合人类生存的地方都没有生命，只停留在低级阶段，这真是太奇怪了。

前面我们说过，病毒等简单的生命只是氮、氢、氧、碳等原子组成的复杂分子，新形成的行星表面会有大量上述元素。所以可以确定，随着地壳的形成，水蒸气变成水滴落到地面汇成水域，这类分子早晚会形成。然而这些分子比较复杂，所以形成的可能性也不大。但不要忘了，在如此长的时间里，那么多原子不断相撞，这种事情一定会发生的。例如在我们生活的地球上，地壳形成不久就出现了生命，所以在偶然的机会下，复杂的有机分子还是会形成的。它们一旦形成，就会以极快的速度进行繁殖、进化，从而产生更复杂的生命体。现在我们还不清楚，在那些适合生命生存的星球上是否也是这样，所以，想要彻底了解进化过程，对那些地方进行深入研究是非常有必要的。

在未来，我们一定能够乘坐飞船去我们的邻居——火星和金星上探索生命是否存在（因为这两颗行星是太阳系中物理条件最接近地球的星体）。其实还有很多类似的行星远在太阳系之外，所以想要到它们上面进行探索，恐怕还需要更长的时间才会实现。

二、恒星的"私生活"

我们已经了解恒星周围的行星是怎么来的了，下面说一下恒星本身。它有什么经历？它是怎样产生并变化的？它的归宿是什么？

我们可以以太阳为研究对象解决这些问题，因为它比较典型，而且离我们相对较近。首先我们都知道太阳已经存在很久了，科学家们认为，太阳已经向周围贡献了几十亿年的能量。普通能源是无法做到这点的，所以从前人们一直不理解这么多能量的来源。随着元素的放射性和人工的核嬗变被发现，人们才知道原子核里原来蕴藏着这么大的能量。我们说过，几乎所有化学元素都可以被认为是有着巨大潜能的燃料。在温度达到几百万摄氏度时，这些元素的潜能就会被激发出来。

虽然在我们看来这么高的温度令人恐惧，但在星际空间中这个温度是比较普遍的。例如太阳，它的表面温度约为 6 000℃，然而距离太阳中心越近，这个数字就越大，那里的温度会达到 2 000 万℃。通过太阳气体的热传导和太阳表面温度，我们就会算出这个结果，就像在知道马铃薯的热传导系数的条件下，只要知道马铃薯表面的温度，就能算出它里面的温度一样。

把核嬗变的情况和太阳中心的温度放在一起考虑，就会知道是什么样的反应使太阳内部放出能量了。我们把这些反应称为"碳循环"，它是由物理学家魏扎克和贝蒂同时发现的。

一系列相互关联的热核转变产生了太阳放出的能量，这里是"一系列"而不是"一种"，我们称这些反应为"反应链"。有趣的是，这条反应链是闭合的，经过 6 个步骤后又重新开始。如图 121 所示，这是太阳的反应链，从中可知，碳核、氮核和与它们碰撞的高温质子是这个循环反应的主要参与者。

下面以碳为起点。一个质子撞到 ^{12}C（普通碳）后，变成 ^{13}N（氮的轻同位素），同时以 γ 射线的形式释放核能，科学家们熟悉并且在实验室中做出了这个实验。^{13}N 的原子核稳定性不佳，在自动调整后放出 $β^+$ 粒子（正电子），于是就变成 ^{13}C（这是碳的比较稳定的重同位素）。当质子再撞到 ^{13}C 上后，在强烈的 γ 射线的作用下又变成 ^{14}N。第三个质子撞上 ^{14}N 核后，就成为氧同位素 ^{15}O，它又继续释放正电子，产生稳定的 ^{15}N。最后，第四个质子使 ^{15}N 分裂成不等的两部分，一部分是 α 粒子，即氦核；另一部分是 ^{12}C 的原子核。

从中可以看出，碳原子和氮原子在循环反应链中不断重新产生，所以它们的作用很像化学中的催化剂。实际结果是 4 个质子相继进入反应后变成一个氦原子核。所以可以这么说：高温下，碳和氮把氢催化嬗变为氦。

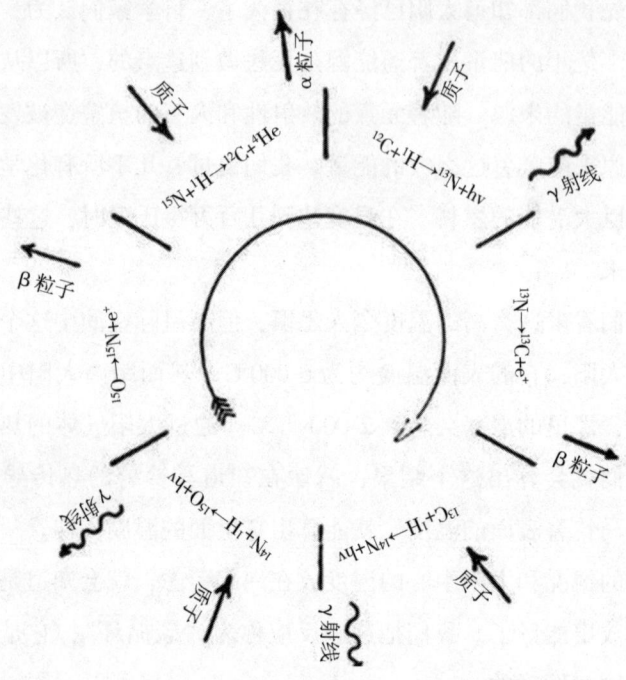

图 121　这条循环的核反应链产生了太阳的能量

贝蒂得出一个结论，这种在 2000 万℃高温下进行的循环反应放出的能量和太阳辐射的实际能量相符合。而其他各种可能发生的反应的计算结果都不符合天体物理学的观测。所以，碳、氮循环是太阳能的来源。需要注意的是，以太阳内部的温度，需要约 500 万年才能完成图 121 的那个循环。所以，一个周期结束后，碳（或氮）的原子核又以最初的姿态出现。

从前人们认为是煤炭燃烧给太阳提供了能量，现在看来这句话从某种角度来说也是有一定的道理的，因为煤的主要成分也是碳。然而这里的"煤"不同于我们使用的作为燃料的煤，它是不会消亡的。

还要注意的是，太阳中心的密度和温度是这种释放能量反应的速率的决定因素，另外也和太阳内部氢、碳、氮的多少有很大关系。因此我们可以选用浓度不同的反应物，通过让它发出的光度符合观测，分析出太阳气体是由什么组成的。史瓦西（Karl schwarzschild）是这个方法的提出者，他得到的结果是：纯氢占据了太阳物质的一大半，氦稍小于一半，剩下的元素只占一小部分。

我们可以把这种解释应用到其他的恒星上，结果是：恒星的质量不同，中心温度也不同，所以释放能量的效率也不同。例如波江座 O_2-C，它的质量是太阳的 1/5，所以它的光度只相当于太阳的 1%；天狼星的质量是太阳的 2.5 倍，所以它的光度比太阳大 40 倍；更大的恒星天鹅座 Y380，它的质量比太阳大 40 倍，而它的光度则比太阳亮几十万倍。出现上面这些例子的原因，可以归结为高温能使"碳循环"的反应速度加快。同时我们还发现，恒星半径随着太阳质量的增大而增大（波江座 O_2-C 和天鹅座 Y380 的半径分别是太阳半径的 0.43 倍和 29 倍），同时相对密度是相应变小的（波江座 O_2-C、太阳、天鹅座 Y380 分别为 2.5、1.4 和 0.002）。在图 122 中，我们列出了相应的数据。但也有些恒星，它们并不遵从上述规律。

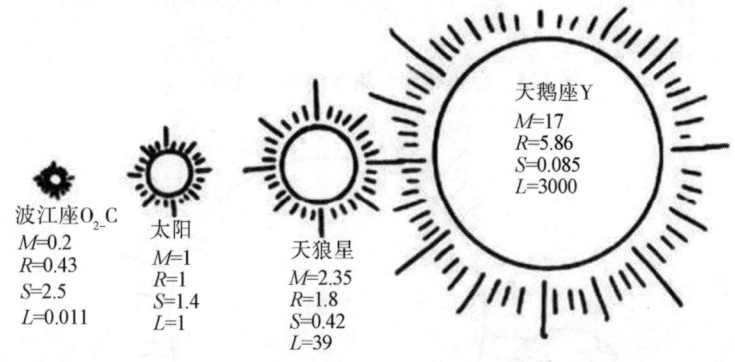

图 122　属于主星序的恒星

首先是"红巨星"和"超巨星"，它们和一般恒星相比，质量和光度相差无几，但体积却大很多。图 123 就是其中的几个代表。

它们之所以会这么大，肯定是由于某种内部作用力，但目前我们还无法解释。显然，它们的密度远小于普通恒星。

与之截然不同的是，还有一种很小的恒星，它们被称为"白矮星"①。如图 124 所示，这是白矮星和地球的比较。这颗白矮星是天狼星的伴星②，它的质量和太阳差不多，但直径只有地球的 3 倍。所以，它的密度几乎是水的密度的 50 万倍！实际上，它是恒星消耗尽所有的氢燃料后的状态。

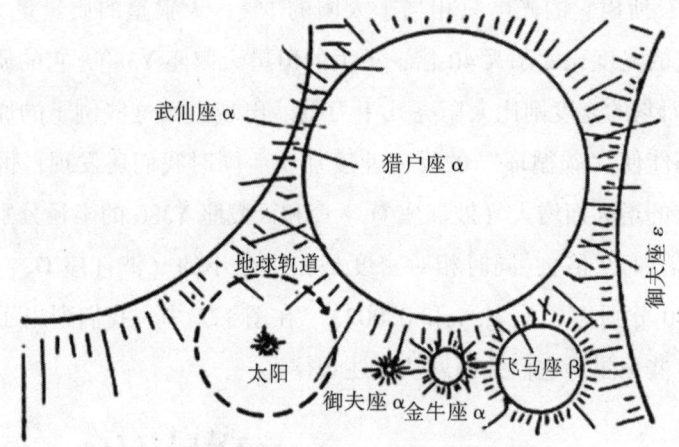

图 123　巨星和超巨星与地球轨道的比较

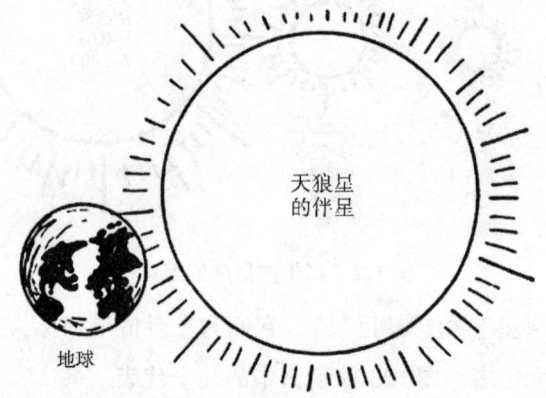

图 124　白矮星与地球的比较

---

①　"红巨星"和"白矮星"这两个名称和它们的光度与表面的关系有关。密度小的恒星表面积就大，释放能量的面积也就越大，所以表面因低温呈现红色；密度大的恒星与之相反，它们因高温而呈现白色。

②　恒星经常两两一组出现，它们被称为"双星"，通常把较暗的（或较小的）那颗叫作另一颗的伴星。

缓慢的核嬗变（从氢到氦）过程是恒星生命的来源。恒星刚刚形成时，它体内氢元素的质量超过了总质量的50%，它应该有很长的寿命。例如人们根据太阳的光度计算出它要在1秒钟的时间里消耗6.6亿吨氢，在太阳2×10^{27}吨的质量里，氢占了近一半，所以可知太阳的寿命约为15×10^{18}秒，即大约500亿年！已知太阳现在的年龄是40亿年左右[①]，所以它还能"活"几百亿年。

然而由于质量大会导致光度强，所以这类恒星消耗氢的速度比较快。例如天狼星，它内部的氢燃料是太阳的2.3倍，光度是太阳的39倍，所以在单位时间内它消耗的氢是太阳的39倍。所以，天狼星会在30亿年后烧光所有燃料。至于内部的氢燃料是太阳的17倍、光度是太阳的30 000倍的天鹅座Y380，它的寿命不会超过1亿年。

当恒星把燃料消耗光后会发生什么呢？这时，恒星就会慢慢收缩，并且密度越来越大。这类"萎缩恒星"已经发现很多了。它们的密度比水大几十万倍，但温度仍然很高。虽然还能发出明亮的白光，但亮度只是太阳的几千分之一。天文学家把这个阶段的恒星称为"白矮星"，这里的"矮"不仅指尺寸小，同时也指光度小。接下来白矮星会慢慢变暗，变成一团冷物质（即黑矮星）。但这类星体用普通的天文观察方法很难发现。

需要注意的是，恒星在接近死亡的时候会发生反抗性的突变。这种突变就是超新星爆发，也是天文学家最热衷研究的现象之一。原来很平静的恒星，会在几天的时间内突然比原来亮数十万倍，同时表面温度也急剧升高。通过研究其光谱的变化可以知道，它正在快速膨胀，最外层的扩展速度几乎达到2 000千米/秒。然而这只是暂时现象，它一般会在爆发一年后恢复原有光度。然而在今后很长时间内，它的辐射强度仍会有不太明显的变化。虽然光度恢复原样，但还有很多地方不是这样。爆发时迅速膨胀的一部分气体会继续向外扩张。所以，这个星体会被不断扩张的发光气体的外壳包围。1918年，我们获得了御夫座新星爆发前的光谱，但由于资料不足，我们还不能断定这类恒星是

[①] 按照魏扎克的观点，太阳不会比行星形成太久，所以地球的年龄与太阳的年龄应该是比较接近的。

否还在持续发生变化。

还有一类星体——超新星，通过对它们的观察，我们对爆发后的情况有了进一步的了解。一般新星爆发每年约有40次，但在银河系里，这类超新星的爆发几百年才会发生一次。它爆发时的光度是一般新星的几千倍，它发出的光甚至超过整个星系。这种现象的例子有第谷（Tycho Brahe）在1572年一个白天见到的星[①]，中国天文学家在1054年记载的客星[②]，也许还包括犹太星[③]。

1885年，在仙女座星云附近发现了第一颗银河系外超新星，其光度是该星系所有新星之和的1 000倍。虽然很少发生这样的大爆发，但是巴德（Baade）和兹维基（Zwlcky）很早就发现两种爆发有着很大的区别，然后他们又系统地研究了其他星系中的超新星。近年来，我们对这类星体具有的性质也有了更深的了解。

虽然两种爆发在光度上区别很大，但它们也有着相似之处：两者光度从迅速增强到逐渐减弱决定二者有着相同形状的光度曲线；超新星爆发也会产生迅速扩张的气体外壳，但包含的物质要多很多。然而新星爆发产生的外壳会慢慢消失，超新星会在爆发范围内形成光度极强的星云。例如图版Ⅷ的"蟹状星云"，它出现在1054年看到的那颗超新星爆发的位置上。

我们还在这颗超新星上找到了它爆发后留下的证据。实际上，一颗高密度的白矮星就在蟹状星云的中心。

种种迹象表明，二者主要区别就体现在规模上，超新星比较量的规模太多了！

在接受新星和超新星"坍缩理论"之前我们先问一个问题：为什么这个星体会快速收缩？目前最可信的解释是：这些恒星由巨量的炽热气体构成，在体内热气的极度高压支撑下，它才得以保持平衡状态。"碳反应循环"只要在中心一直进行下去，由此产生的核能就会不断向恒星表面补充因辐射释放掉的能量。所以，恒星基本不会有什么大的变化。然而当氢元素消耗光后，再也不

---

① 指仙后座超新星。——编译者注
② 指金牛座超新星，即现今的蟹状星云（见图版Ⅷ）。——编译者注
③ 指蛇夫座超新星。——编译者注

会有能量的补充了，于是星体开始收缩，同时把自身的引力势能转变为辐射。由于星体内部的物质导热性比较差，以致内部热能要经过很长时间才会传达到表面，因此引力收缩也很慢。例如太阳，计算结果显示，至少需要1 000万年的时间，太阳的直径才会收缩为现在的一半。星体的引力势能会因任意一种加速收缩的因素而释放得更多，从而使内部的温度和压力升高，导致收缩的速度减缓。所以，从内部搬走能量是造成新星和超新星收缩的唯一方法。例如将这颗恒星内部物质的传导率增强几十亿倍，那么它收缩的速度也会加快几十亿倍。这样，一颗恒星在几天的时间内就会收缩完毕。但这几乎不可能，因为物质的传导率很难有丝毫改变。

我和我的同事沈伯格（Schenberg）最近提出一个观点：造成星体坍缩的根本原因是形成了大量的中微子。在前面的章节里我们说过它，它能像光线透过玻璃一样透过星体。所以，它是最理想的从星体内部带走能量的因素。但我们要先知道一件事，那就是在收缩星体内部是否产生中微子，数量是否够多。

一些元素的原子核在捉到高速电子后会释放出中微子。得到电子的原子核，会变成其他元素的不稳定的核而原子质量不变。因为这种不稳定性，新原子核会立即衰变，在释放电子的同时放出中微子。如图125所示，这个过程继续进行，不断产生新的中微子。这个过程被称为"尤卡过程"。

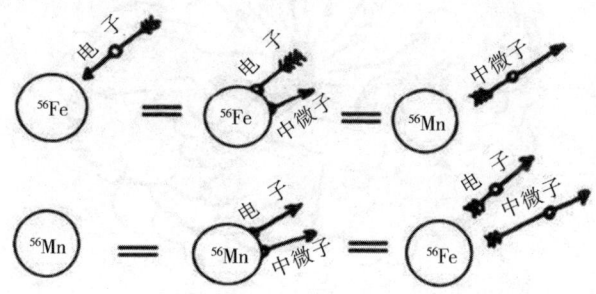

图125　在铁原子核中发生的尤卡过程

如果收缩星体内部有着极高的温度和密度，那么中微子会带走大量能量。例如铁原子核在这个过程中释放的能量达到10^4焦耳/（克·秒）。假设有一颗成分为氧的恒星，它流失的能量将会是10^{10}焦耳/（克·秒）。在这种情况下，一颗恒星在不到半小时的时间里就会完全坍缩。

因此可知，我和我的同事提出的上述观点是科学的。

但还要注意的是，虽然可以比较容易地计算出中微子带走的能量，但是在研究恒星坍缩这个问题上，还会面临很多数学上的困难。所以，我们目前提出的只是一些定性的解释。

还可以这样认为：星体内部的压力不足，会导致外部物质落向中心。但是，恒星一般都在以不同的速度旋转，所以坍缩的进度不同，由于极地地区的物质会先落进去，因此中间就会被挤出来。图126就是这种状况。

于是，原来躲在内部的物质就被挤出来，并且温度升高到几十亿摄氏度，进而引起光度的突然增加。随着这个过程的不断进行，挤出来的东西继续向外扩张并逐渐冷却，最终形成蟹状星云。而收缩的部分则继续收缩，最终变成密度极高的白矮星。

图126　超新星爆发的早期和末期

三、原始的混沌，膨胀的宇宙

宇宙是一个整体，我们回想：它也随着时间的变化而演化吗？它无论在过去、现在还是将来都是现在的样子吗？它是否经历不同阶段的变化？

这个问题的答案是肯定的。它在过去、现在和将来的样子是根本不同的。各种事实还表明，宇宙有一个开端，现在它的样子就是从开端时期演化而来的。我们都知道，行星已经有几十亿年的历史了。很明显，月球原来是地球上的一大块物质，它是被太阳引力扯去的，它的历史也同样久。

研究恒星得到的结论表明，我们能观察到的恒星一般都是几十亿岁。在研究恒星运动后（尤其是研究双星、三星以及更复杂的星团的相对运动），天文学家们认为，这些结构存在的时间低于几十亿年。

化学元素也可以作为另外一个证据，特别是大量存在的衰变缓慢的放射性元素钍、铀之类。它们经历了长久不断的衰变，但仍存在于宇宙之中，所以我们有理由相信，或者它们现在还在由其他"轻"元素的原子核不断形成，或者它们是数量巨大的物质的存货。

第一种可能性我们不得不放弃。因为在恒星内部，最热的温度也无法达到制作出重原子核的高度。实际上，想要把"轻"元素的原子核变成放射性的原子核，至少需要几十亿度，但恒星内部的温度只有几千万度。

所以我们要假设重元素的原子核是在过去产生的，当时，任何物质都处在难以想象的极高压和极高温之下。

这个时期是可以计算出来的。钍和铀-238 的半衰期分别是 180 亿年和 45 亿年，但它们目前衰变的量还不是很大，这是因为它们的数量跟稳定元素的数量差不多。铀-235 的半衰期大约有 5 亿年，其数量仅为铀-238 的 1/140。存在大量的钍和铀-238 说明它们从形成至今不会超过数十亿年，我们还可以根据铀-235 把这个时间再精确一些，因为铀-235 减少一半需要的时间是 5 亿年，所以要经过 35 亿年（即 7 个半衰期）才会变为最初数量的 1/128，这个数字是这样得出的：

$$\frac{1}{2} \times \frac{1}{2} \times \frac{1}{2} \times \frac{1}{2} \times \frac{1}{2} \times \frac{1}{2} \times \frac{1}{2} = \frac{1}{128}。$$

按照核物理方法计算出来的结果和天文学家算出的结果非常符合！

然而在万物刚刚形成的几十亿年前，那时宇宙是什么样的呢？它变成今天的样子，到底经历了哪些呢？

从一到无穷大

通过研究"宇宙膨胀"现象，我们已经能够回答这两个问题了。前面我们说过，宇宙中分布着无数的星系，银河系只是其中的一个。我们还知道，在我们能够看到（借助大型望远镜）的范围内，星系的分布还是比较均匀的。

哈勃在观察星系的光线时发现一个现象：遥远星系的光谱都向红端做轻微移动，随着星系距离的增加，光谱向红端移动的距离就越大。实际上，星系"红移"的大小与其离开我们的距离是成正比的。

对于这种现象，最合理的解释就是它们正在慢慢远离我们，离得越远速度就越快。这个解释以"多普勒效应"为基础。也就是说，光源离开我们时，它的颜色会向红端移动；光源接近我们时，它的颜色会向紫端移动。但是，只有在观察者和光源之间的相对速度足够大时，才会看到谱线明显的移动。有这么一件真实的事情，有位教授因开车闯红灯被拘留，他对法官说，由于"多普勒效应"，他把亮起的红色信号灯看成绿色的了。如果这名法官知道上述道理，那就会明白，把红色的光看成绿色的光得需要多快的速度啊！他同时有理由控告这位教授超速行驶了。

继续研究星系的"红移"。这个问题看起来很难理解：为什么它们远离我们呢？银河系有那么可怕吗？如果真是这样，银河系有什么可怕之处呢？事实上银河系很普通，其他星系也不是有意疏远我们，只是所有星系都在互相远离而已。如图 127 所示，我们吹起一个上面画着斑点的气球，随着气球不断被吹大，上面斑点之间的距离也会越来越远。从任意一点观察，都会发觉其他点距离这个点越来越远，而且离开的速度和距离成正比。由此可知，其他星系远离我们和银河系的性质没有任何关系，根本原因是由于宇宙空间正在进行着普遍的均匀膨胀。

通过观察星系之间的距离和它们膨胀的速度，我们得到一个结论：至少在 50 亿年前，宇宙就开始进行膨胀了[①]。

[①] 观测的原始数据如下：星系之间的平均距离约为 1.6×10^{19} 千米（170 万光年），互相远离的速度约为 300 千米/秒，由此推算出膨胀的时间是：

$$\frac{1.6 \times 10^{19}}{300} = 5 \times 10^{16} \text{（秒）} = 1.8 \times 10^9 \text{（年）}。$$

近年来，人们根据更精确的数据算出的数字要比它大些。

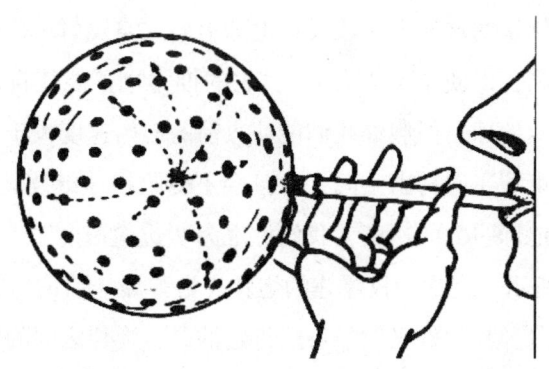

图127 当气球膨胀时，上面的每一个点都与其他各点逐步远离

在此之前，各个星系（当时是星云）逐渐形成均匀地遍布于宇宙中的恒星。接着往前，这些恒星是挤在一起的，整个宇宙到处是高温气体。继续往前，这些气体的温度更高，结合得更加紧密，这就是产生元素的时候。还往前走，这时宇宙里的物质都是超高温、密度极大的状态，成为核液体。

接下来我们看看宇宙进化的过程：最初阶段，我们能看到的一切物质挤成一个半径是太阳8倍的球体①。然而这种密度极高的状态维持不了多久。在迅速膨胀之下，只要几秒钟时间，宇宙的密度就会是水的几百万倍，又过了几个小时后，宇宙的密度就会接近水的密度。也许是在此时，气体分裂为互相独立的气体球，即现在的恒星。随着膨胀的不断进行，分开的恒星又变成星云系统，即现在不断互相远离的星系。

由此引发了很多问题：是什么力让这种膨胀发生的？它会变成相反的力吗？人类、地球、太阳、银河系会被重新挤成一块就像原子核那样的具有极高密度的凝状物吗？

目前的研究认为，这是不可能发生的，因为在宇宙形成初期，宇宙就冲破了束缚自己的绳索而膨胀了，它会按照惯性一直膨胀下去的。

---

① 已知空间物质的密度为 10^{-30} 克/厘米^3，核液体的密度为 10^{14} 克/厘米^3，因此宇宙的线收缩率为 $\sqrt[3]{\frac{10^{14}}{10^{-30}}} = 5 \times 10^{14}$。

所以，1000万千米在当时只有 $\frac{5 \times 10^3}{5 \times 10^{14}} = 10^{-6}$ 光年，即 5×10^3 光年。

我们可以举例说明这件事，假设从地球上向太空发射一枚火箭。例如，以前的任意一种火箭，即使是 V-2 火箭①，它的推力也不能使自己进入空间，因为重力会让它掉回地球。但假如我们能使火箭的起始速度大于 11 千米/秒，它就会摆脱重力的束缚飞向自由空间，而且会不受阻挡地继续运行。11 千米/秒这个速度是克服地球引力的速度，我们称之为"逃逸速度"。

如图 128 a 所示，这是一枚爆炸的炮弹。炮弹爆炸后的力把弹片聚在一起的力抵消了，所以弹片到处飞散。可以肯定的是，弹片之间的作用力对它们在空中的运动不会产生影响。然而当重力很强的时候，弹片就会如图 128 b 所示，停住之后又落到它们的共同重心处。至于到处飞散还是落回，它们之间重力势能和动能的相对大小是决定因素。

宇宙膨胀和炮弹爆炸是一样的。但是，由于星系的质量很大，由此产生的引力势能和动能相差无几②。所以，只有研究了这两种能量才会对宇宙膨胀的未来有进一步的了解。

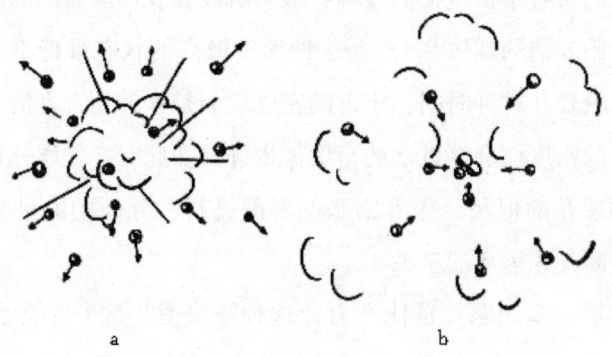

图 128

从现有的数据可知，星系的动能要比其引力势能大上好几倍。所以可以认为，宇宙不会被引力重新拉近，而是会继续膨胀。需要注意的是，我们的数据可能不准确，也许有一天，最新的观测结果会推翻我们的结论。话又说回来，即使宇宙由膨胀开始收缩，也至少需要几十亿年的时间。所以，人类被重压挤

---

① 第二次世界大战时期德军用的一种液体燃料火箭。——编译者注
② 势能和物体质量的平方成正比，动能和物体的质量成正比。

碎的情况目前还不太可能发生。

是什么物质让宇宙爆炸并且高速分离的呢？答案可能让人难以接受：爆炸可能从未出现过。宇宙之所以膨胀，是因为此前它由非常宽广的地域缩成极其致密的状态（这些当然都不能从任何记录上找到证据），接着再反弹，就像物体在被压缩后具有很大的弹力一样。假如你进屋后看见一个向上跳的乒乓球，那么你就可以知道，在你进入屋子之前，这个乒乓球是从高处落下，在弹力的作用下又弹起来的。

接下来我们继续想象，在宇宙压缩阶段，事物发展的顺序和目前进行的顺序是否相反？

放在几十亿年前，你是否会从后往前读这本书？那时会不会出现这样的事情：一个人把炸鸡从嘴里吐出来，鸡复活了，并被送到养鸡场，在那里这只鸡由大变小，然后钻进蛋壳，最后变成一个新鲜的鸡蛋。这是很有意思的问题，但我们无法对它从纯粹的科学观点进行解答。因为在这时候，宇宙内部的高压会把一切物质挤成均匀的核液体，从而抹掉以前的痕迹。

图版

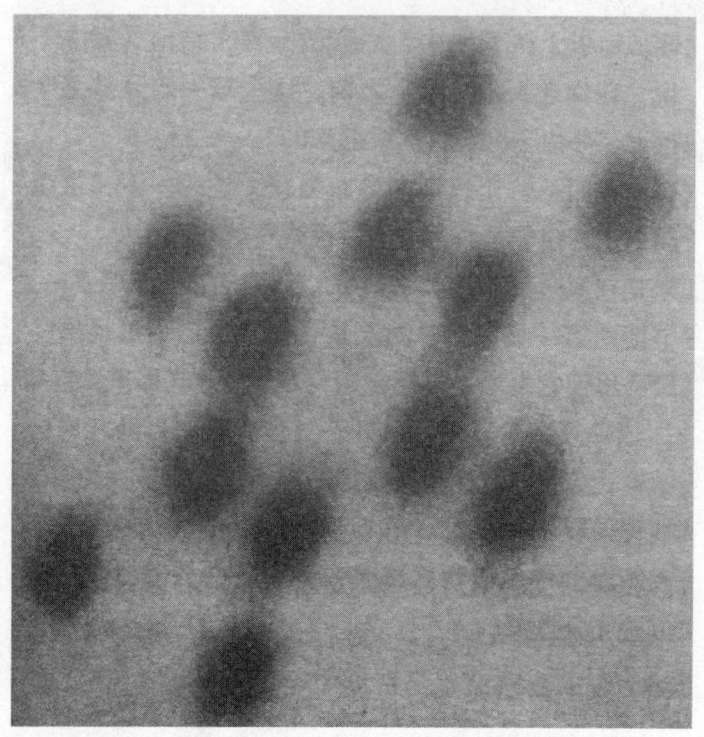

图版 I 六甲苯分子放大 140 000 000 倍后的样子

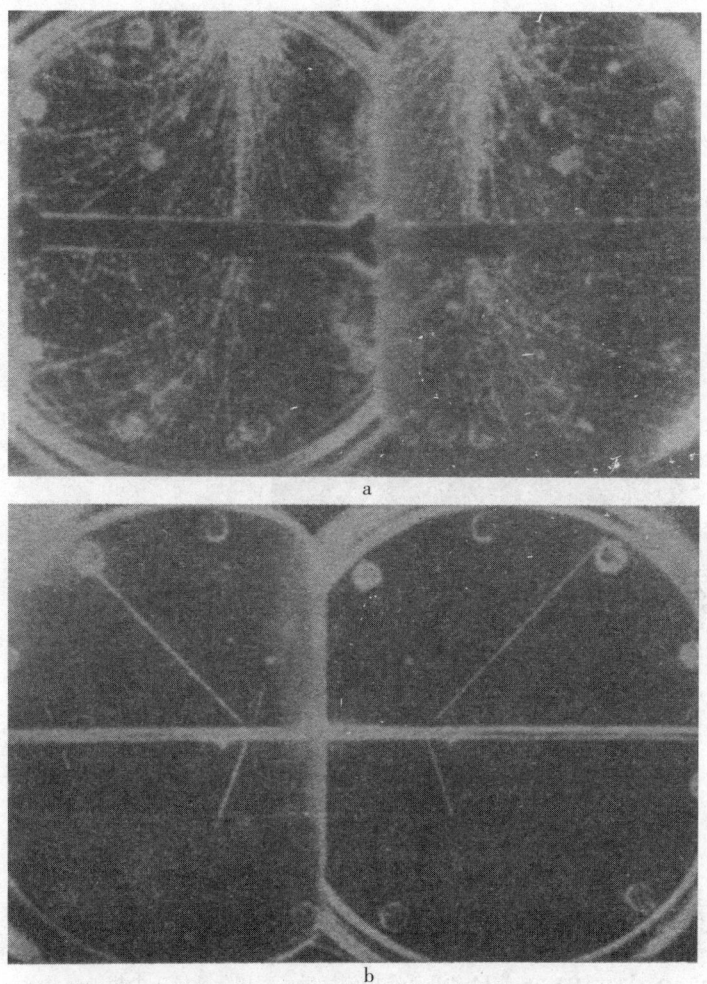

图版 Ⅱ　a. 开始于云室外壁和中央铅片的宇宙线簇射。在磁场的作用下,簇射产生的正、负电子向相反方向偏转;b. 宇宙线粒子在中央隔片上引起核衰变

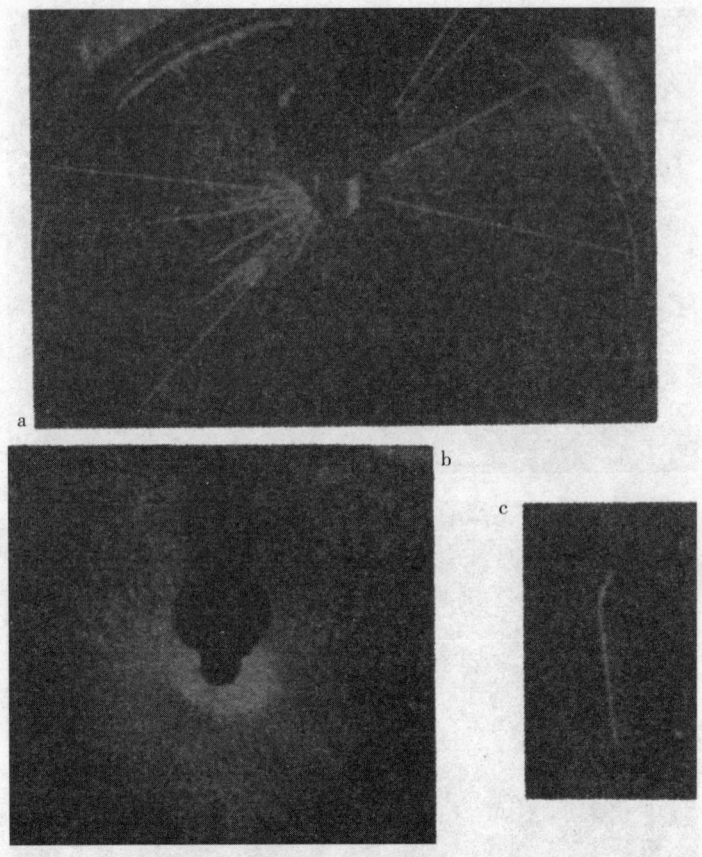

图版Ⅲ 人工加速的粒子所造成的原子核嬗变
a. 一个快氘核击中云室中重氢气体的一个氘核，产生一个氚核和一个普通的氢核（$_1^2D + _1^2D \rightarrow _1^3T + _1^1H$）；**b.** 一个快质子击中硼核后，硼核分裂成 3 个相等的部分（$_5^{11}B + _1^1H \rightarrow 3\,_2^4He$）；**c.** 从左方射来的看不见的中子，把氮核分裂成一个硼核（向上的径迹）和一个氦核（向下的径迹）（$_7^{14}N + _0^1n \rightarrow _5^{11}B + _2^4He$）

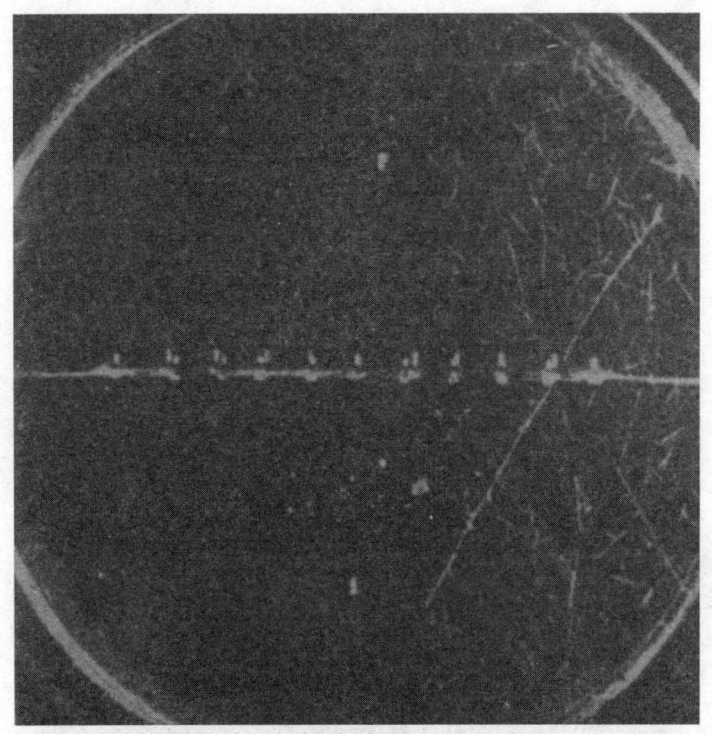

图版Ⅳ 在云室里拍摄的铀核裂变照片。一个中子（当然是看不见的）击中横放在云室中的薄铀箔的一个铀核。两条径迹表明，两块裂变产物带着1亿电子伏的能量飞离

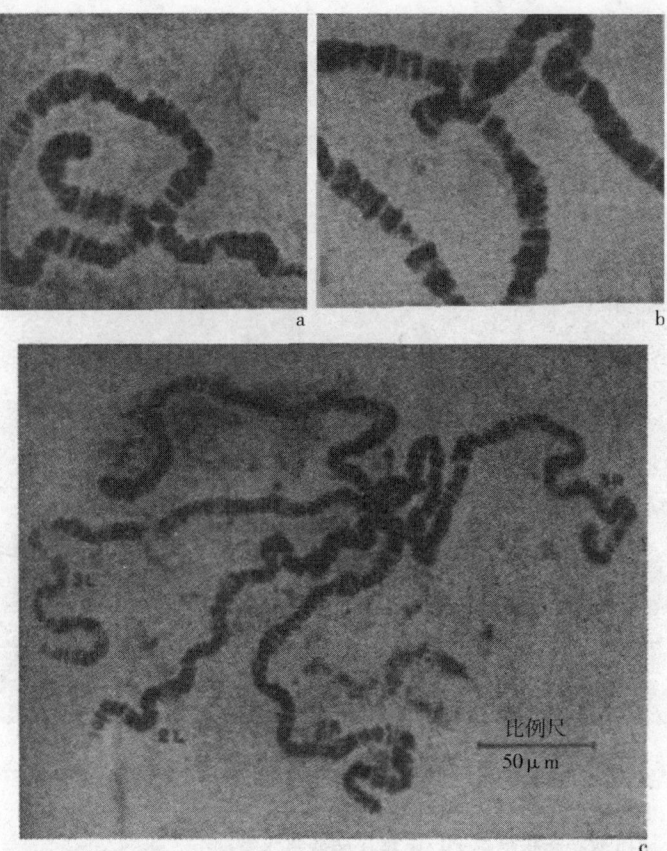

图版 V　a 和 b. 果蝇唾液腺体中染色体的显微照片。从图中可以看到倒位和相互易位的现象；c. 雌性果蝇幼体染色体的显微照片。图中标有 X 的是紧紧挨在一起的一对 X 染色体，2L 和 2R 是第二对染色体，3L 和 3R 是第三对，标有 4 的是第四对

图版Ⅵ 用电子显微镜拍摄的放大 26 100 倍的烟草花叶病病毒体。

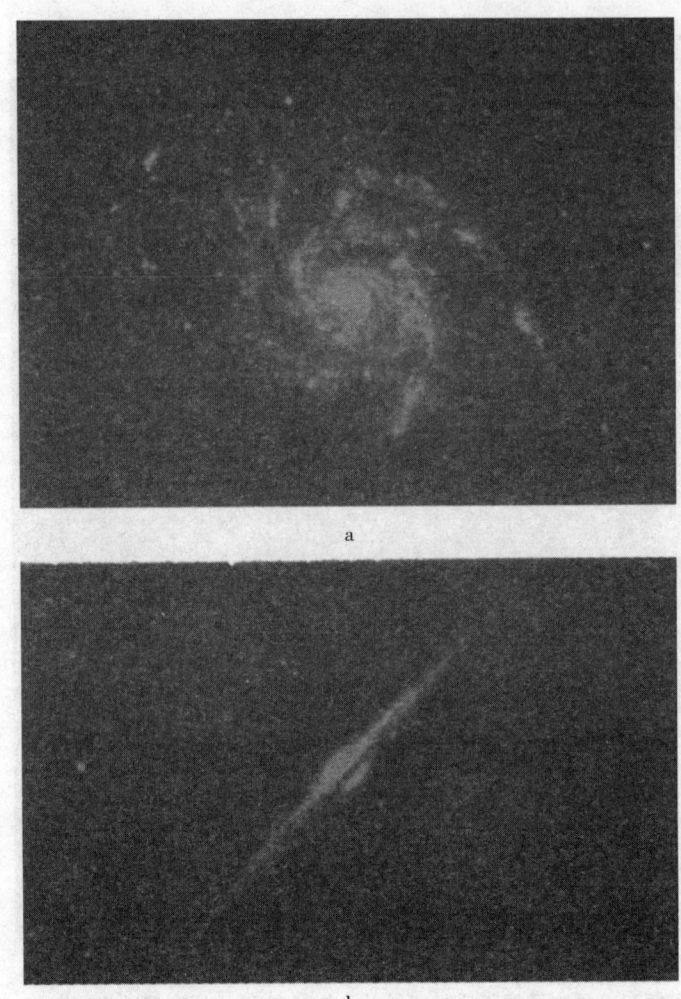

图版Ⅶ　a. 大熊座中的旋涡星系。它是一个遥远的宇宙岛（正视图）；b. 后发座中的旋涡星系 NGC4565（侧视图）

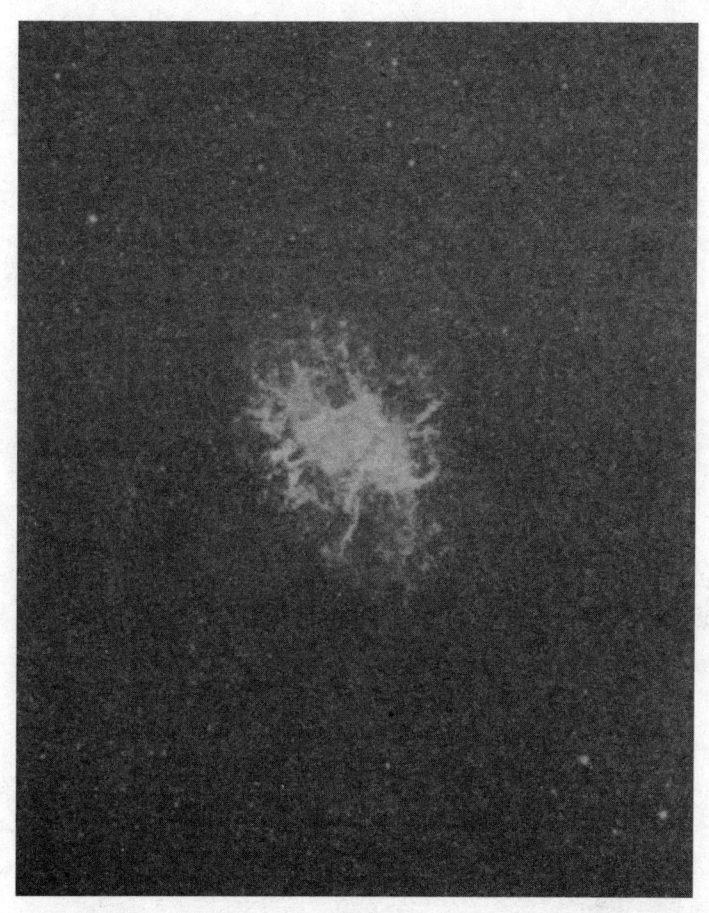

图版Ⅷ 蟹状星云。公元 1054,中国天文学家在这个星云的位置上观测到一颗超新星爆发,爆发时抛出的气体膨胀形成了这个星云的包层